Teubner Studienbücher Angewandte Physik

W. Kowalsky

Dielektrische Werkstoffe der Elektronik und Photonik

Teubner Studienbücher Angewandte Physik

Herausgegeben von
Prof. Dr. rer. nat. Andreas Schlachetzki, Braunschweig
Prof. Dr. rer. nat. Max Schulz, Erlangen

Die Reihe „Angewandte Physik" befaßt sich mit Themen aus dem Grenzgebiet zwischen der Physik und den Ingenieurwissenschaften. Inhalt sind die allgemeinen Grundprinzipien der Anwendung von Naturgesetzen zur Lösung von Problemen, die sich dem Physiker und Ingenieur in der praktischen Arbeit stellen. Es wird ein breites Spektrum von Gebieten dargestellt, die durch die Nutzung physikalischer Vorstellungen und Methoden charakterisiert sind. Die Buchreihe richtet sich an Physiker und Ingenieure, wobei die einzelnen Bände der Reihe ebenso neben und zu Vorlesungen als auch zur Weiterbildung verwendet werden können.

Dielektrische Werkstoffe der Elektronik und Photonik

Von Prof. Dr.-Ing. habil. Wolfgang Kowalsky
Universität Ulm

Mit 55 Abbildungen und 16 Tabellen

B. G. Teubner Stuttgart 1993

Prof. Dr.-Ing. habil. Wolfgang Kowalsky

1958 in Erlangen geboren. 1976 bis 1982 Studium der Elektrotechnik an der Technischen Universität Braunschweig. 1982 bis 1984 wiss. Mitarbeiter am Institut für Hochfrequenztechnik der Technischen Universität Braunschweig. 1984 bis 1986 wiss. Mitarbeiter am Heinrich-Hertz-Institut für Nachrichtentechnik in Berlin. 1985 Promotion an der Technischen Universität Braunschweig. 1986 bis 1990 wiss. Mitarbeiter am Institut für Hochfrequenztechnik der Technischen Universität Braunschweig, 1989 Habilitation. Seit 1990 Professor in der Abteilung der Optoelektronik der Universität Ulm.

Die Deutsche Bibliothek – CIP-Einheitsaufnahme

Kowalsky Wolfgang:
Dielektrische Werkstoffe der Elektronik und Photonik /
von Wolfgang Kowalsky. – Stuttgart : Teubner, 1994
(Teubner Studienbücher : Angwandte Physik)
ISBN-13: 978-3-519-03215-1 e-ISBN-13: 978-3-322-84838-3
DOI: 10.1007/978-3-322-84838-3

Herstellung: Druckhaus Beltz, Hemsbach/Bergstraße

Vorwort

Das Buch führt in das umfangreiche Themengebiet der dielektrischen und optischen Eigenschaften von Halbleiter- und Isolatorwerkstoffen ein. Die Halbleiterelektronik konzentriert sich vorrangig auf die elektronischen Vorgänge zur Beschreibung der Funktion aktiver und passiver Halbleiterbauelemente. Ergänzend werden hier diejenigen Phänomene besprochen, die nicht auf der Existenz freier Ladungsträger beruhen. Die Themenauswahl beschränkt sich nicht auf Halbleiterwerkstoffe, sondern berücksichtigt auch in erheblichem Umfang Isolatoren, wobei allerdings kristalline Materialien im Vordergrund stehen. Nach einer ausführlichen Einführung mit einem Überblick über die derzeit technisch bedeutenden Halbleitersysteme werden zunächst die Polarisationsmechanismen, ihre Beiträge zur Dielektrizitätskonstante bzw. zum Brechungsindex und das Frequenzverhalten untersucht. Während sich die Diskussion bis dahin auf isotropes Verhalten beschränkt, werden anschließend im Hinblick auf Anwendungen in der Optoelektronik Anisotropieeffekte vorgestellt. Neben dem dielektrischen Tensor und dem Index-Ellipsoid wird auch auf den linearen elektrooptischen Effekt eingegangen. Ferroelektrische Kristalle werden wegen ihrer großen technischen Bedeutung sowohl im ferroelektrischen als auch im paraelektrischen Bereich angesprochen. Hieran schließt sich die Beschreibung elektromechanischer Wechselwirkungen an. Wegen der rapiden Entwicklung der Optoelektronik muß insbesondere den optischen Eigenschaften von Halbleitern detaillierte Aufmerksamkeit geschenkt werden. Da mit ständig wachsender Integrationsdichte Probleme der Wärmeableitung immer deutlicher in den Vordergrund treten, werden abschließend die thermischen Eigenschaften und die Mechanismen des Wärmetransports erläutert. Die Auswahl der Themengebiete orientiert sich also vorrangig an technischen Erfordernissen. Es handelt sich nicht um eine systematische festkörperphysikalische Darstellung, sondern es wird versucht, den ingenieurwissenschaftlich Orientierten unverzichtbare physikalische Grundkenntnisse in technisch wichtigen Themengebieten zu vermitteln.

Das Buch ist als begleitende Ausarbeitung zu einer einsemestrigen Vorlesung im Hauptstudium des Studiengangs Elektrotechnik entstanden, die der Autor zunächst an der Technischen Universität Braunschweig als Pflichtveranstaltung für alle Vertiefungsrichtungen angeboten hat. In den Studienplan der Elektrotechnik an der Universität Ulm ist diese Veranstaltung als Wahlpflichtvorlesung für die Studienmodelle Mikroelektronik und Hochfrequenztechnik eingebunden. Durch die ausführliche Einführung, durch die Entwicklung einfacher physikalischer Modellvorstellungen und durch die detaillierte Darstellung der mathematischen Ableitungen soll der Zugang zu diesem Themengebiet ohne besondere Vorkenntnisse ermöglicht werden. Lediglich einige elementare Grundlagen aus der Halbleiterelektronik werden vorausgesetzt. Die Darstellung eignet sich daher nicht nur als vorlesungsbegleitender Text, sondern bietet auch die Möglichkeit zum Selbststudium.

Bei der Ausarbeitung des Manuskripts wurde der Autor von vielen Seiten unterstützt. Die mühevolle Anfertigung der zahlreichen Zeichnungen wurde von Frau B. Titze vom Institut für Hochfrequenztechnik der Technischen Universität Braunschweig und von Frau S. Pfetsch aus der Abteilung Optoelektronik der Universität Ulm übernommen. Herr H. Thiele hat sowohl zur Gestaltung und zur satztechnischen Realisierung als auch zur Korrektur wesentlich beigetragen. Nicht unerwähnt sollen auch alle diejenigen Studentinnen und Studenten bleiben, die durch hilfreiche Anregungen zu Erweiterungen und Verbesserungen beigetragen haben. Ihnen allen sei an dieser Stelle herzlich für die großartige Unterstützung gedankt. Den Herausgebern dieser Studienbücher Herrn Prof. Dr. A. Schlachetzki und Herrn Prof. Dr. M. Schulz, Herrn Dr. Spuhler und dem Teubner Verlag danke ich für zahlreiche Anregungen und für die gute Zusammenarbeit.

Ulm, November 1993 W. Kowalsky

Inhaltsverzeichnis

Verzeichnis wichtiger Formelzeichen

Symbol	Bedeutung	Einheit
A	Fläche	m^2
a	Gitterkonstante	m
$\vec{a}$	Basisvektor des Kristallgitters	m
b	Dämpfung	kgs^{-1}
$\vec{b}$	Basisvektor des reziproken Gitters	m^{-1}
C	Kapazität	AsV^{-1}
C	Federkonstante	kgs^{-2}
c	Lichtgeschwindigkeit	ms^{-1}
c	Elastizitätsmodul im feldfreien Zustand	$kgm^{-1}s^{-2}$
c'	Elastizitätsmodul im unpolarisierten Zustand	$kgm^{-1}s^{-2}$
c_v	spezifische Wärme	$J(MolK)^{-1}$
D	Dichtefunktion	s
$\vec{D}$	dielektrische Verschiebung	Asm^{-2}
d	elektromechanische Kopplungkonstante	mV^{-1}
d	Plattenabstand	m
$\vec{d}$	Verschiebungsvektor	m
$\vec{E}$	elektrische Feldstärke	Vm^{-1}
$\vec{E}_c$	Koerzitivfeldstärke	Vm^{-1}
$\vec{E}_{lok}$	lokale elektrische Feldstärke	Vm^{-1}
$\vec{e}$	Einheitsvektor	
f	Frequenz	s^{-1}
G	Federkonstante	kgs^{-2}
h	elektromechanische Kopplungskonstante	Vm^{-1}
h	Plancksches Wirkungsquantum	Js
$\hbar$	$h/(2\pi)$	Js
I	Strom	A
i	Stromdichte	Am^{-2}
$\vec{j}$	Energiestromdichte	$Jm^{-2}s^{-1}$
$\vec{K}$	Kraft	N [$kgms^{-2}$]
k	Boltzmann-Konstante	JK^{-1}
k_D	Debye-Radius im Wellenzahlraum	m^{-1}
$\vec{k}$	Wellenvektor	m^{-1}
L	Länge	m
L	Lorenzzahl	V^2K^{-2}

Symbol	Bedeutung	Einheit
l	Länge	m
M	reduzierte Ionenmasse	kg
M^+	Masse eines positiven Ions	kg
M^-	Masse eines negativen Ions	kg
m	Masse	kg
m_0	Elektronenruhemasse	kg
m_e	effektive Masse des Elektrons	kg
m_{hh}	effektive Masse des schweren Lochs	kg
m_{lh}	effektive Masse des leichten Lochs	kg
m_p	Protonenmasse	kg
N	Dichte der Atome	m^{-3}
N	Gesamtzahl der Phononen	
$\underline{n}$	komplexer Brechungsindex	
n	Brechungsindex (Realteil)	
n_a	Brechungsindex des außerordentlichen Strahls	
n_o	Brechungsindex des ordentlichen Strahls	
$n^\star$	Elektronendichte	m^{-3}
$\vec{P}$	elektrische Polarisation	Asm^{-2}
$\vec{P}_r$	Remanenzpolarisation	Asm^{-2}
$\vec{P}_s$	spontane Polarisation	Asm^{-2}
$\vec{p}$	Dipolmoment	Asm
Q	Ladung	As
q	Betrag der Elementarladung	As
R	Widerstand	VA^{-1} [Ω]
r	Tensorkoeffizient des linearen elektrooptischen Effekts	mV^{-1}
$\vec{R}$	Gittervektor zur Darstellung eines Bravais-Gitters	m
r	Radius	m
$\vec{r}$	Ortsvektor	m
$\vec{S}$	Längenänderung	
T	Temperatur	K
T_c	Curie-Temperatur	K
$\vec{T}$	mechanische Spannung	Nm^{-2}
t	Zeit	s
U	innere Energie	J
V	Potential	V

Symbol	Bedeutung	Einheit
V	Volumen	m^3
v	Verschiebung	m
v_g	Gruppengeschwindigkeit	ms^{-1}
v_m	Lichtgeschwindigkeit im Medium	ms^{-1}
v_p	Phasengeschwindigkeit	ms^{-1}
W	Energie	J
W_d	Oszillatorstärke	J [eV]
W_g	Bandabstand	J [eV]
$W_{g,\Gamma\Gamma}$	Bandabstand zwischen dem Valenzbandmaximum (Γ-Punkt) und dem relativen Leitungsbandminimum im Γ-Punkt	J [eV]
$W_{g,\Gamma L}$	Bandabstand zwischen dem Valenzbandmaximum (Γ-Punkt) und dem relativen Leitungsbandminimum im L-Punkt	J [eV]
$W_{g,\Gamma X}$	Bandabstand zwischen dem Valenzbandmaximum (Γ-Punkt) und dem relativen Leitungsbandminimum im X-Punkt	J [eV]
Z	Ordnungszahl	
$\underline{Z}$	Impedanz	VA^{-1}
α	Absorptionskoeffizient der Intensität	m^{-1}
$\underline{\alpha}$	Polarisierbarkeit	Asm^2V^{-1}
$\underline{\alpha}_a$	atomare Polarisierbarkeit	Asm^2V^{-1}
$\underline{\alpha}_d$	Verschiebungspolarisation	Asm^2V^{-1}
$\underline{\alpha}_o$	Orientierungspolarisation	Asm^2V^{-1}
γ	Dämpfungsmaß	
$\underline{\varepsilon}$	komplexe Dielektrizitätskonstante	$As(Vm)^{-1}$
$\tilde{\varepsilon}$	Dielektrizitätskonstante im ungedehnten Zustand	$As(Vm)^{-1}$
ε_0	Dielektrizitätskonstante des Vakuums	$As(Vm)^{-1}$
$\underline{\varepsilon}_r$	komplexe relative Dielektrizitätskonstante	
$\underline{\varepsilon}_{r,0}$	statische relative Dielektrizitätskonstante	
$\underline{\varepsilon}_{r,\infty}$	relative Hochfrequenz–Dielektrizitätskonstante	
ε_r''	Imaginärteil der relativen Dielektrizitätskonstante	
Θ	Debye-Temperatur	K
κ	Extinktionskoeffizient	
λ	Wellenlänge	m

Symbol	Bedeutung	Einheit
λ_g	Bandkantenwellenlänge	m
λ	Wärmeleitfähigkeit	$J(msK)^{-1}$
μ_0	magnetische Feldkonstante	$Vs(Am)^{-1}$
μ_r	relative Permeabilität	
ρ	spezifischer Widerstand	Ωm
σ	Leitfähigkeit	$(\Omega m)^{-1}$
τ	mittlere Stoßzeit	s
τ_{in}	Intrabandrelaxationszeit	s
χ	elektrische Suszeptibilität	
ω	Kreisfrequenz	s^{-1}
ω_D	Debye-Kreisfrequenz	s^{-1}
ω_p	Plasmakreisfrequenz	s^{-1}

1 Übersicht

1.1 Aggregatzustände

Eine erste naheliegende Einteilung der Materie ergibt sich aus den unterschiedlichen Aggregatzuständen in Gase, Flüssigkeiten und Festkörper. Für diese Klassifizierung werden gewöhnlich Raumtemperatur und Normaldruck vorausgesetzt. Diese drei Aggregatzustände lassen sich grob folgendermaßen skizzieren:

Gase:

Das Gesamtvolumen eines Gases ist wesentlich größer als die Summe der Einzelvolumina der Gasmoleküle. Für die Bewegung der Moleküle ergibt sich daher eine große freie Weglänge zwischen zwei Stößen.

Flüssigkeiten:

Wie bei den Gasen sind auch in Flüssigkeiten die Moleküle in einer ungeordneten thermischen Bewegung.Der freie Raum zwischen den Molekülen ist jedoch vernachlässigbar gering, so daß van der Waals'sche Kräfte zwischen den Molekülen wirksam werden.

Festkörper:

Die Atome bzw. Moleküle eines Festkörpers sind durch starre chemische Bindungen fest verkoppelt. Die Bewegung der Atome ist unterhalb des Schmelzpunktes vernachlässigbar. Festkörper können eine amorphe, kristalline oder polykristalline Struktur aufweisen (Bild 1.1).

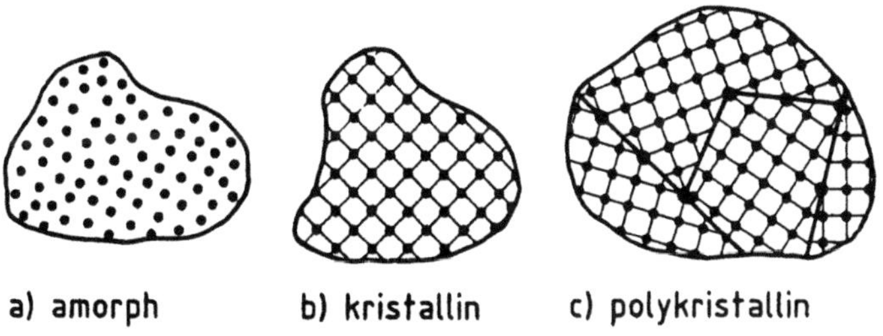

Bild 1.1: Struktur je eines amorphen, kristallinen und polykristallinen Festkörpers.

Hieraus ergeben sich für den jeweiligen Aggregatzustand typische physikalische Eigenschaften, die in Tab. 1.1 zusammengefaßt sind.

Tab. 1.1: Für die Aggregatzustände typische physikalische Eigenschaften.

Gas	Flüssigkeit	Festkörper	
geringe	mittlere bis hohe		Dichte
hohe	geringe		Kompressibilität
sehr geringer	geringer	hoher	Formänderungswiderstand
sehr geringe	geringe	geringe bis hohe	Wärmeleitfähigkeit

Alle drei Stoffklassen finden wichtige Anwendungen in den Bereichen der Elektrotechnik. Einige Beispiele sind nachfolgend aufgeführt:

- Gase: Isoliergase, Gasentladung, Laser.
- Flüssigkeiten: Isolieröle, Dielektrika, flüssige Metalle (Hg-Schalter).
- Festkörper: Metalle, Halbleiter, Dielektrika, Isolatoren, Supraleiter, magnetische Werkstoffe, Keramiken (Piezokeramik), Gläser (z.B. die Quarzglasfaser als Übertragungsmedium für die optische Nachrichtentechnik).

Im folgenden werden wir uns bevorzugt den Festkörpern widmen, während Gase und Flüssigkeiten nur am Rand gestreift werden.

1.2 Chemische Bindungen

Der chemische Bindungscharakter zwischen den Atomen beeinflußt wesentlich die Eigenschaften des Festkörpers. Für die Untersuchung dielektrischer und magnetischer Phänomene ist daher die Kenntnis der Bindungsstruktur eine wesentliche Voraussetzung. Die wichtigsten Bindungsarten werden im folgenden kurz erläutert.

Starke Bindungen:

Ionenbindung

Durch Elektronenaustausch können verschiedenartige Atome mit stark unterschiedlich besetzten Außenschalen eine gesättigte stabile

Elektronenkonfiguration erreichen. Hierfür ist in der K-Schale eine Besetzung mit zwei Elektronen und in den höheren Schalen (L,M,N,...) eine Besetzung mit jeweils acht Elektronen erforderlich. Typische Vertreter mit ionischem Bindungscharakter sind die Alkalihalogenide. Im NaCl erreicht z.B. Na (K-und L-Schale vollbesetzt, ein Elektron in der M-Schale) durch Abgabe eines Elektrons eine gesättigte L-Außenschale, während Cl (K- und L-Schale voll besetzt, sieben Elektronen in der M-Schale) durch Aufnahme dieses Elektrons seine M-Außenschale vervollständigt (Bild 1.2a). Die Bindung beruht auf der elektrostatischen Anziehung zwischen dem Na^+- und dem Cl^--Ion. Diese sehr feste Bindung bewirkt einen hohen Schmelzpunkt und eine geringe elektrische Leitfähigkeit.

Kovalente (homöopolare) Bindung

Dieser Bindungstyp wird von Elementen bevorzugt, deren äußere Schale etwa zur Hälfte besetzt ist, so daß die Ionenbindung entweder die Abgabe oder die Aufnahme einer größeren Zahl von Elektronen erfordern würde. Von benachbarten Atomen werden jeweils Elektronen abgegeben, die paarweise den Raum zwischen den Atomrümpfen auffüllen und so die äußeren Elektronenschalen vervollständigen (Bild 1.2b). Z.B. benötigt Si (vier Elektronen in der M-Schale) vier gleichberechtigte nächste Nachbarn, um eine 8-Konfiguration zu erreichen: Dies kann nur durch eine bestimmte räumliche Anordnung (Diamantgitter) erzielt werden. Werkstoffe mit kovalenter Bindung weisen daher häufig eine große Härte auf. Diese Elektronenbrücken können durch Zufuhr thermischer Energie teilweise aufgebrochen werden, so daß dann einzelne Elektronen für die elektrische Leitung zur Verfügung stehen.

Metallische Bindung

Die Atome geben ihre Außenelektronen ab und werden so zu positiven Ionen. Die quasifreien Elektronen umgeben die Ionen in Form eines Elektonengases (Bild 1.2c). Werkstoffe mit metallischer Bindung besitzen daher eine hohe elektrische und thermische Leitfähigkeit.

In Tab. 1.2. sind die Bindungscharakteristika und die zugehörigen Werkstoffgruppen zusammengestellt.

Tab 1.2.: Starke chemische Bindungen.

Ionenbindung	Kovalente Bindung	Metallische Bindung
Elektronen in Kernnähe	Außenelektronen zwischen Atomrümpfen	Außenelektronen frei
meist Isolatoren	Isolatoren oder Halbleiter	metallische Leiter

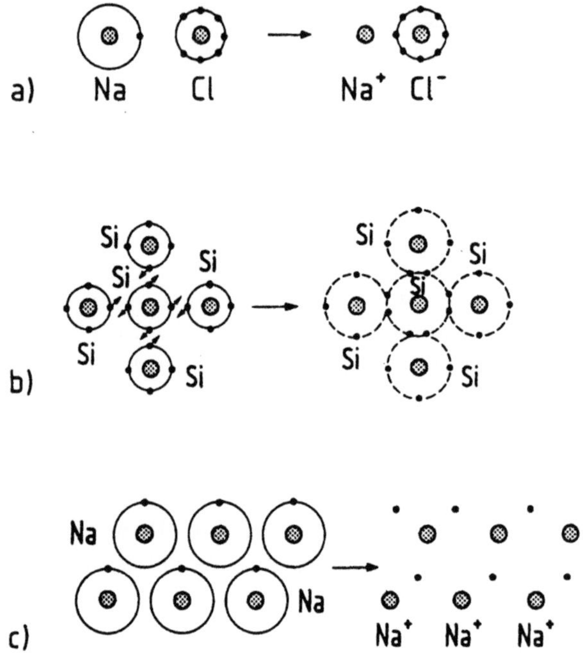

Bild 1.2: Chemische Bindungen: a) Ionenbindung, b) kovalente (homöopolare) Bindung und c) metallische Bindung.

Schwache Bindungen:

Hierzu gehören die van der Waals'schen Kräfte und die Wasserstoffbrückenbindungen. Sie beruhen auf einer schwachen Wechselwirkung zwischen elektrisch neutralen Molekülen z.B. wegen getrennter Schwerpunkte von positiven und negativen Ladungen (Bindung zwischen H_2O-Molekülen).

1.3 Elektrische Eigenschaften der Festkörper, Bändermodell

Der unterschiedliche Charakter der chemischen Bindungen weist bereits auf die verschiedenen elektrischen Eigenschaften der Festkörper hin. Betrachten wir zunächst nur die elektrische Leitfähigkeit σ bzw. den spezifischen Widerstand ρ:

$$R = \rho \frac{l}{A} = \frac{1}{\sigma} \frac{l}{A} \tag{1.1}$$

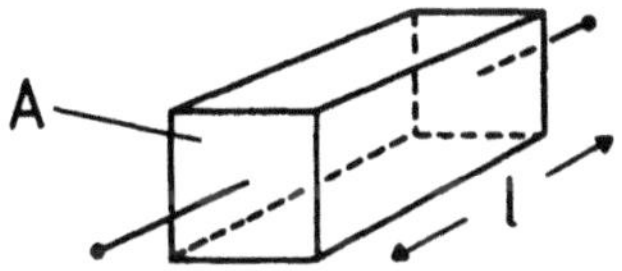

Bild 1.3: Stabförmiger Widerstand.

Bei Raumtemperatur überdeckt der spezifische Widerstand ρ verschiedener Materialien bereits rund 30 Zehnerpotenzen (s. Bild 1.4).

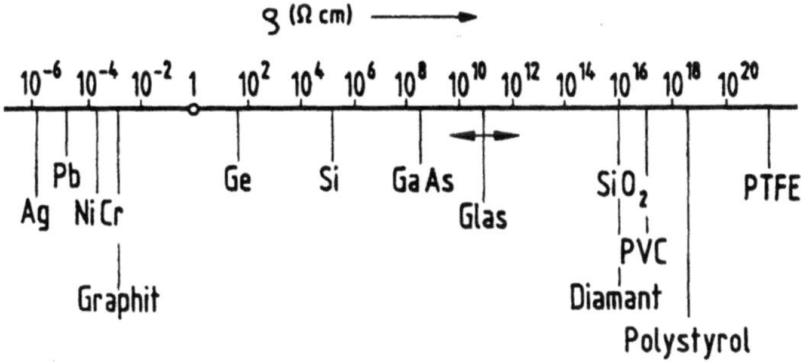

Bild 1.4: Spezifischer Widerstand von reinen Metallen, Legierungen, Halbleitern und Isolatoren.

- Reine Metalle liegen zwischen $\rho = 1{,}6 \cdot 10^{-6}\,\Omega\text{cm}$ (Ag) und $\rho = 2 \cdot 10^{-5}\,\Omega\text{cm}$ (Pb).
- Legierungen erreichen $\rho = 2 \cdot 10^{-4}\,\Omega\text{cm}$ (NiCr).

- Halbleiter überdecken einen sehr weiten Bereich von $\rho = 10^{-3}\,\Omega\text{cm}$ (Graphit) bis $\rho = 10^{16}\,\Omega\text{cm}$ (Diamant).

  Dies gilt für reine Substanzen bei Zimmertemperatur. Dotierte Halbleiter erreichen nahezu metallische Leitfähigkeit. Aber auch eine strenge Unterscheidung zwischen Halbleitern und Isolatoren ist kaum möglich.

- Isolatoren: Die Abgrenzung gegen Halbleiter ist nahezu willkürlich. Der spezifische Widerstand ρ erreicht über $10^{21}\,\Omega\text{cm}$ (PTFE, Teflon).

Eine Unterscheidung zwischen Metall und Halbleiter gelingt durch die Bestimmung des spezifischen Widerstands ρ bei sehr tiefer Temperatur ($T \to 0$ K). Metalle werden sehr gut leitend, da die Elektronenkonzentration nahezu konstant bleibt, die Gitterschwingungen aber einfrieren. Bei Halbleitern sinkt dagegen die Konzentration der freien Ladungsträger, da die kovalenten Bindungen nicht mehr thermisch aufgebrochen werden.

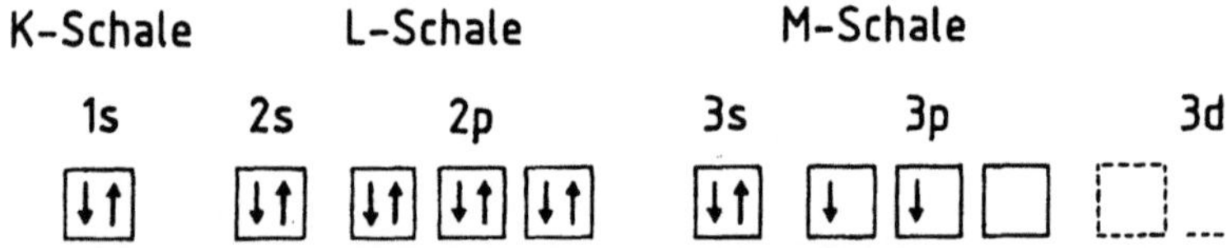

Bild 1.5: Elektronenkonfiguration von Si.

Das Bändermodell der Energieniveaus gekoppelter Atome im Kristallverband verdeutlicht das jeweilige elektrische Leitungsverhalten. Beim Einzelatom können die Elektronen nur bestimmte diskrete Energieniveaus einnehmen. Betrachten wir z.B. Silizium, so ist die äußere M-Schale (Hauptquantenzahl n=3) mit vier Elektronen unvollständig besetzt, während die inneren Schalen voll besetzt sind. Die Elektronenverteilung ist in Bild 1.5 dargestellt.

Zwei gleiche Atome, die weit von einander entfernt sind, weisen natürlich identische Energieniveaus auf, die auch gleich besetzt sind. Bringen wir die Atome in einem Gedankenexperiment durch Annäherung in Wechselwirkung, spalten die Energieniveaus in zwei Energieniveaus mit geringfügig verschiedenen Energiewerten auf. Ein mechanisches Analogon sind gekoppelte Pendel, die ebenfalls zwei Schwingungszustände (in Phase, gegenphasig) aufweisen. Bringen wir N Atome in Wechselwirkung, ergeben sich entsprechend N eng benachbarte Energieniveaus. Auf diese Weise bildet sich aus jedem Energieniveau des Einzelatoms ein quasi-kontinuierliches Band erlaubter Energiezustände im Kristallverbund. Bild 1.6 zeigt die Ausbildung der Energiebänder im Si-Kristall [SZE 85, Kap.1].

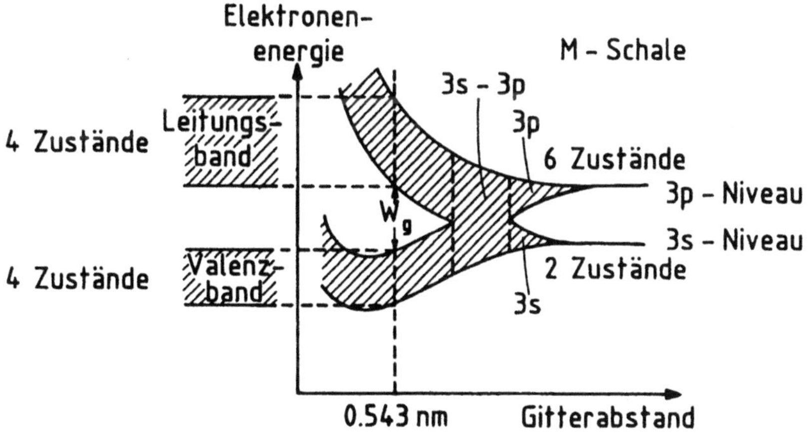

Bild 1.6: Ausbildung von Energiebändern durch Kopplung im Si-Kristall.

Die 3s- und die 3p-Zustände der äußeren M-Schale spalten bei allmählicher Reduzierung des Atomabstands auf, durchdringen sich und laufen mit weiter abnehmendem interatomaren Abstand wieder auseinander. Im Gleichgewicht des Kristalls, bei einer Gitterkonstante von $a = 0,543$ nm, liegen zwei getrennte Bänder vor. Das niederenergetische Band wird als Valenzband, das höherenergetische Band als Leitungsband bezeichnet. Die Energiebänder bzw. -niveaus der unteren Schalen wurden nicht betrachtet. Allgemeiner wird das höchste voll besetzte Band als Valenzband, das nächst höhere unbesetzte bzw. nur teilweise besetzte Band als Leitungsband bezeichnet. Metallische Leitfähigkeit tritt dann auf, wenn das Leitungsband nur teilweise gefüllt ist, oder wenn ein leeres Leitungsband mit dem Valenzband überlappt (Bild 1.7a). Beim idealen Isolator ist das Valenzband gefüllt, das Leitungsband dagegen leer. Die Elektronen sind fest gebunden und können daher keine Energie aufnehmen; die Leitfähigkeit ist folglich Null (Bild 1.7c). Beim Halbleiter entspricht zwar die Bandbesetzung im Prinzip der des Isolators, jedoch ist der Bandabstand W_g geringer, so daß bereits durch thermische Anregung bei Zimmertemperatur Elektronen aus dem Valenzband ins Leitungsband angehoben werden, die zum Stromfluß beitragen (Bild 1.7b). Werkstoffe mit $W_g > 3$ eV sind in der Regel den Isolatoren zuzurechnen. Der atomare Bindungscharakter und damit die Bandstruktur erlauben also eine einfache Interpretation der elektrischen Leitfähigkeit.

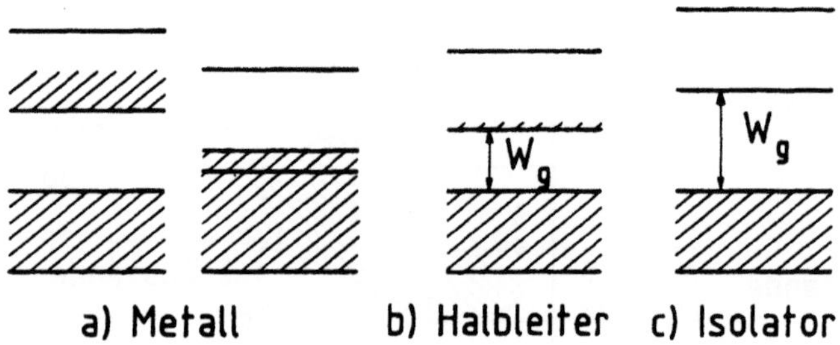

Bild 1.7: Bandstrukturen für a) Metalle, b) Halbleiter und c) Isolatoren.

2 Kristalline Festkörper

Die meisten in der Elektrotechnik verwendeten Werkstoffe liegen in kristalliner Form (ein- oder polykristallin) vor. Ihre Eigenschaften werden wesentlich durch die Valenzelektronen, durch ihren Bindungstyp, durch die Bindungsrichtung und damit schließlich durch die Kristallstruktur mitbestimmt. Teilweise hängen diese Werkstoffeigenschaften auch entscheidend von der Orientierung des Kristalls ab. Wir wollen daher näher auf die Kristallstrukturen eingehen.

2.1 Kristalle

Kristalle sind regelmäßige, räumlich periodische Anordnungen von Atomen in einem festen Verband. Zur Beschreibung eines Kristalls genügt die Angabe der Atomkonfiguration in einer Elementarzelle, aus der dann durch Translation in den entsprechenden Raumrichtungen das zum Kristall gehörende Gitter entsteht.

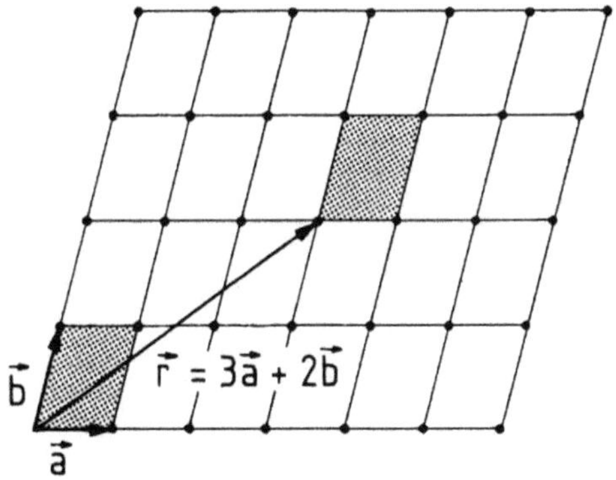

Bild 2.1: Translation der Elementarzelle um einen Gittervektor $\vec{r}$ im zweidimensionalen Gitter.

Ein primitives Gitter ist durch drei linear unabhängige Vektoren $\vec{a}$, $\vec{b}$, $\vec{c}$ gegeben, die einerseits die Elementarzelle

$$\{x\vec{a} + y\vec{b} + z\vec{c} : \quad 0 \leq x, y, z \leq 1\} \tag{2.1}$$

und andererseits die Gitterpunkte

$$\vec{r} = h\vec{a} + k\vec{b} + l\vec{c} \tag{2.2}$$

mit ganzzahligen h, k, l festlegen (s. Bild 2.1). Sind z.B. die Vektoren $\vec{a}$, $\vec{b}$, $\vec{c}$ gleich lang und paarweise orthogonal, so hat man es mit einem kubischen Gitter zu tun.

Die allgemeine Definition der primitiven Elementarzelle ist zwar umfassend, aber für eine übersichtliche Darstellung kaum ausreichend. Für eine einfache und systematische Klassifikation ist eine Einteilung in spezielle Gittersysteme günstiger, die besonderen Decktransformationen genügen. Die Elementarzellen dieser als „Bravais-Gitter" bezeichneten Grundstrukturen sind allerdings nicht immer primitiv. Diese 14 gebräuchlichen fundamentalen Gitterarten und ihre speziellen Eigenschaften sind in Tab. 2.1 zusammengestellt; die zugehörigen Elementarzellen zeigt Bild 2.2.

Tab. 2.1: Die 14 Bravaisgitter im Dreidimensionalen ($a = |\vec{a}|$, $b = |\vec{b}|$, $c = |\vec{c}|$).

System	Anzahl der Gitter im System	Gittersymbol	Basisvektoren	Kristall-klassen
triklin	1	**P**	$a \neq b \neq c$ $\alpha \neq \beta \neq \gamma$	$1, \bar{1}$
monoklin	2	**P,B**	$a \neq b \neq c$ $\alpha = \gamma = 90° \neq \beta$	$2,\ m,\ \frac{2}{m}$
rhombisch	4	**P,B,I,F**	$a \neq b \neq c$ $\alpha = \beta = \gamma = 90°$	$222,\ mm2,$ $\frac{2}{m}\frac{2}{m}\frac{2}{m}$
tetragonal	2	**P,I**	$a = b \neq c$ $\alpha = \beta = \gamma = 90°$	$4,\ \bar{4},\ \frac{4}{m},\ 422,$ $4mm,\ \bar{4}m2,$ $\frac{4}{m}\frac{2}{m}\frac{2}{m}$
kubisch	3	**P** **I** oder krz **F** oder kfz	$a = b = c$ $\alpha = \beta = \gamma = 90°$	$23,\ \frac{2}{m},\ \bar{3},$ $432,\ \bar{4}3m,$ $\frac{4}{m}\bar{3}\frac{2}{m}$
trigonal	1	**P**	$a = b = c$ $\alpha = \beta = \gamma$ $< 120°,\ \neq 90°$	$3,\ \bar{3},\ 32,$ $3m,\ \bar{3}\frac{2}{m}$
hexagonal	1	**P**	$\alpha = \beta = 90°,$ $\gamma = 120°$	$3,\ \bar{3},\ 32,\ 3m,$ $\bar{3}\frac{2}{m},\ 6,\ \bar{6}$

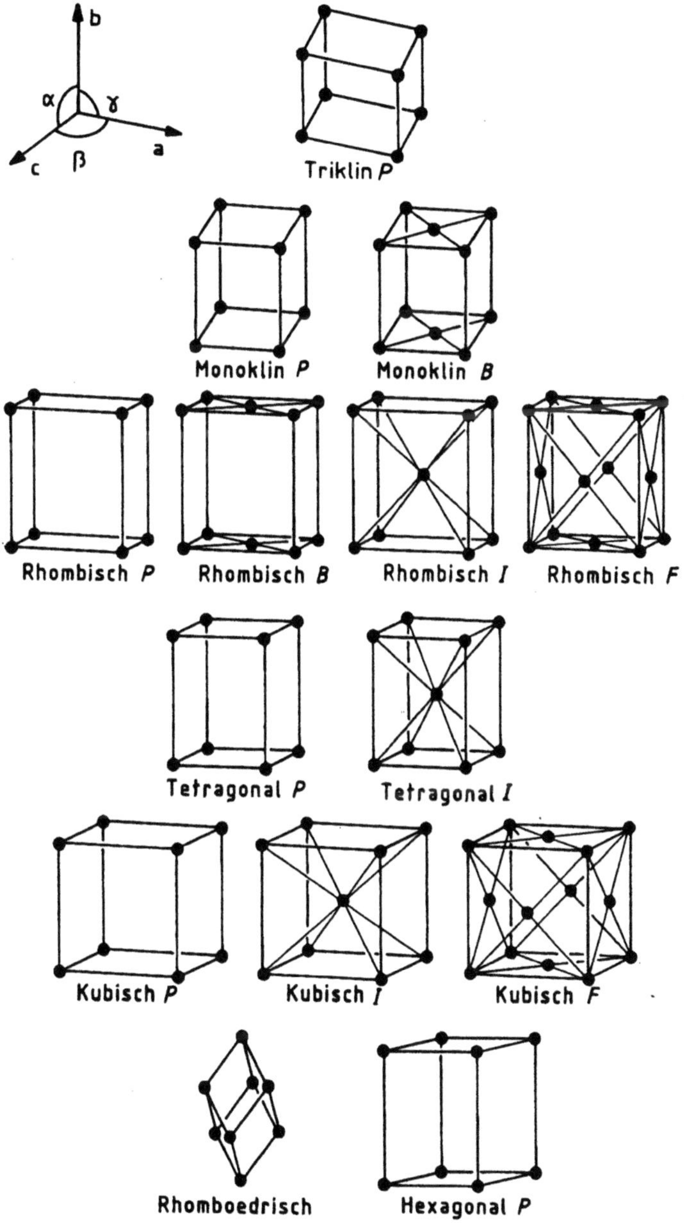

Bild 2.2: Elementarzellen der Bravais-Gitter.

Ausgehend von der allgemeinen Struktur ($|\vec{a}| \neq |\vec{b}| \neq |\vec{c}|$, $\alpha \neq \beta \neq \gamma$), die als Triklin bezeichnet wird, ergeben sich durch spezielle Wahl der Längenverhältnisse, der Basisvektoren und der Gitterwinkel weitere 13 spezielle Bravais-Gitter. Sie beschränken sich nicht auf primitive Elementarzellen (P), sondern lassen auch raum- oder innenzentrierte (I), flächenzentrierte (F) und basiszentrierte (B) Zellen zu. Dieser Verzicht auf primitive Gitter ermöglicht die Einführung zwar komplexerer, aber dennoch übersichtlicherer Grundstrukturen. Ausgehend von diesen 14 Bravais-Gittern kann man nun einen beliebigen Kristall folgendermaßen beschreiben: Er besteht aus einem oder mehreren parallel ineinander geschobenen, kongruenten Bravais-Gittern, die jeweils nur von einer einzigen Atomsorte besetzt sind.

Die Kristalle werden gruppentheoretisch nach ihren Symmetrieeigenschaften eingeteilt. Insgesamt ergibt die Analyse der Kristallstrukturen acht Symmetrieelemente oder Decktransformationen: fünf Drehungen mit den Zähligkeiten $\gamma = 1$ (Identität), 2, 3, 4 und 6 (Drehwinkel $360°/\gamma$), eine vierzählige Drehinversion $\bar{4}$ (90°-Drehung mit anschließender Punktspiegelung), Spiegelung an einer Ebene m und das Symmetriezentrum $\bar{1}$. Weitere Symmetrieoperationen wie z.B. drei- und sechszählige Drehinversionsachsen ($\bar{3}$, $\bar{6}$) können durch Kombination dieser Grundelemente ausgedrückt werden. Eine ausführlichere Diskussion der Kombination der Symmetrieoperationen im Rahmen der Gruppentheorie führt auf 32 Kristallklassen.

Das Symmetriegerüst der jeweiligen Kristallklasse wird durch die Hermann-Mauguinsche Symbolik beschrieben, die hier nur kurz angesprochen werden soll [HER 28; MAU 31; WEI 83, Kap. 1]. Zur systematischen Beschreibung wählt man ein Koordinatensystem im Kristall mit einer Orientierung der z-Achse (Hauptachse) in der Hauptdrehungsachse, d.h. der Achse der größten Zähligkeit bzw. der Drehinversionsachse. Im triklinen und monoklinen Kristall sind aufgrund fehlender Symmetrie keine weiteren Achsen erforderlich. Im rhombischen System wird die z-Achse zu einem Orthogonalsystem ergänzt. Im tetragonalen System stehen die beiden Nebenachsen senkrecht auf der Hauptachse und schließen einen Winkel von 45° ein. Im kubischen System werden die Kristallrichtungen [0 0 1], [1 1 1] und [1 1 0] gewählt (s. Kap. 2.2). Wie im tetragonalen System stehen im trigonalen und hexagonalen Kristall die Nebenachsen senkrecht auf der Hauptachse, schließen aber einen Winkel von 30° ein. Die Kristallklasse kann nun einfach durch höchstens drei der oben angegebenen Symmetriesymbole bezüglich der Hauptachse und gegebenenfalls der Nebenachsen beschrieben werden. Wie bereits oben erläutert, werden Drehachsen durch ihre Zähligkeit γ und

Drehinversionsachsen durch Überstreichen der Zähligkeit $\bar{\gamma}$ dargestellt. Eine Spiegelebene, die auf der jeweiligen Achse senkrecht steht, wird durch m gekennzeichnet. Besitzt der Kristall eine Drehachse, die auf einer Spiegelebene senkrecht steht, so wird die Darstellung $\frac{\gamma}{m}$ gewählt, während im Fall γm die Normale der Spiegelebene senkrecht auf der Drehachse steht. Mit dieser allerdings zunächst gewöhnungsbedürftigen Kennzeichnungsweise können mit einiger Übung die Symmetrieeigenschaften sehr effizient beschrieben werden.

2.2 Kristallrichtungen und -ebenen

Ein Gittervektor

$$\vec{r} = h\vec{a} + k\vec{b} + l\vec{c} \neq \vec{0} \qquad (h, k, l \text{ ganzzahlig}) \tag{2.3}$$

repräsentiert eine Kristallrichtung, wobei $\vec{r}$ noch möglichst „kurz“ gewählt werden kann, nämlich mit teilerfremden Koordinaten h, k, l. Ist dies der Fall, so bezeichnet man diese Kristallrichtung mit $[h\,k\,l]$, wobei negative Zahlen durch Überstreichen gekennzeichnet werden. Z.B. sind $[1\,1\,1]$, $[\bar{1}\,1\,\bar{1}]$ Raumdiagonalen, $[1\,1\,0]$, $[0\,1\,\bar{1}]$ Flächendiagonalen (s. Bild 2.3). Der durch $[h\,k\,l]$ bestimmte Richtungstyp, nämlich die Klasse aller durch Permutation und Vorzeichenwechsel der Koordinaten zu $[h\,k\,l]$ äquivalenten Richtungen, wird mit $\langle h\,k\,l\rangle$ bezeichnet (Bsp.: $\langle 1\,0\,0\rangle = \{[1\,0\,0], [0\,1\,0], [0\,0\,1], [\bar{1}\,0\,0], [0\,\bar{1}\,0], [0\,0\,\bar{1}]\}$).

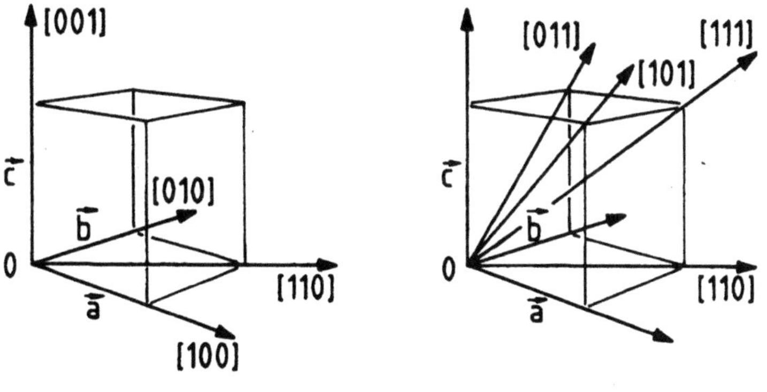

Bild 2.3: Kristallrichtungen im kubischen Gitter.

Eine Kristallfläche, also eine durch Gitterpunkte bestimmte Ebene, kann durch eine lineare Gleichung

$$hx + ky + lz = m \tag{2.4}$$

mit ganzzahligen h, k, l, m beschrieben werden. Eine Veränderung von m bedeutet lediglich eine Parallelverschiebung; man kann zur Kennzeichung der Ebenenrichtung also sogar $m = 0$ annehmen. Wählt man h, k, l wieder teilerfremd, so wird durch den Millerschen Index $(h\,k\,l)$ die Ebenenrichtung beschrieben (s. Bild 2.4), während man die entsprechende Äquivalenzklasse hier mit $\{h\,k\,l\}$ bezeichnet. Im Fall eines kubischen Gitters besagt die Gleichung

$$hx + ky + lz = 0 \tag{2.5}$$

gerade, daß die Richtung $[h\,k\,l]$ auf allen Vektoren $x\vec{a} + y\vec{b} + z\vec{c}$ der Ebene senkrecht steht (skalares Produkt), daß also $[h\,k\,l] \perp (h\,k\,l)$ gilt.

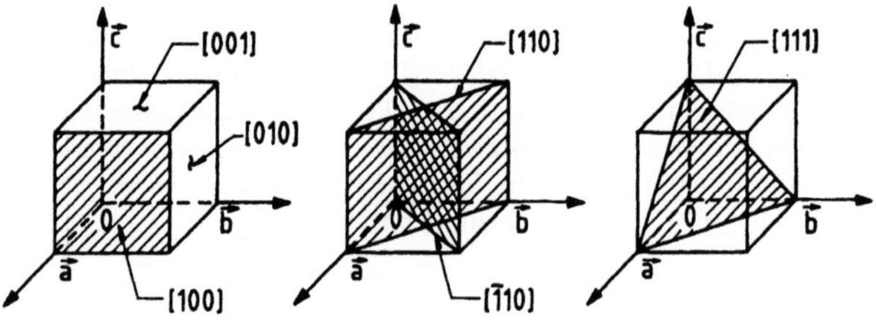

Bild 2.4: Kristallebenen und Millersche Indizes.

2.3 Kristallstrukturen

Metalle:

Die metallische Bindung ist auf die Bildung eines Elektronengases zurückzuführen, das die Metallatome zusammenhält. Dieses Elektronengas ist nur dann wirksam, wenn die Metallatome dicht zusammenliegen. In der vereinfachten Darstellung der Metallatome als starre Kugeln werden daher Metalle eine möglichst dichte Kugelpackung anstreben. In einer Ebene erhält man die dichteste Packung, wenn jede Kugel gerade von sechs nächsten Nachbarn umgeben ist (Bild 2.5a).

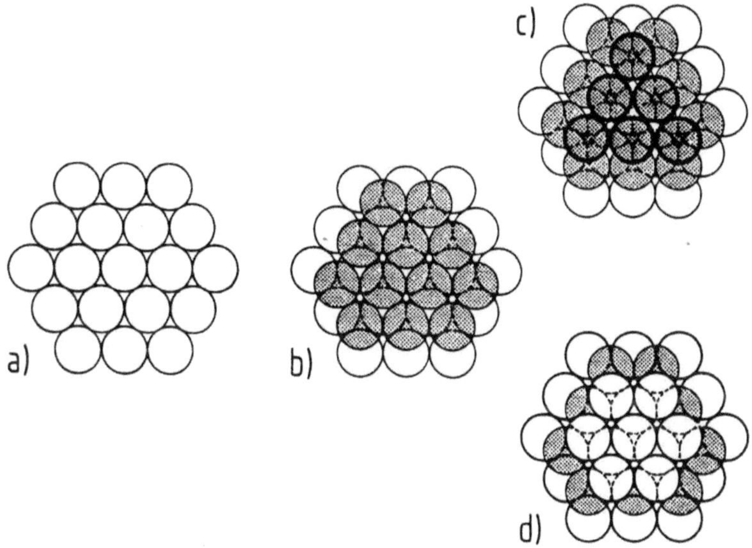

Bild 2.5: Räumlich dichteste Kugelpackungen: a) A-Lage, b) A- und B-Lage, c) ABC-Stapelfolge (kubisch flächenzentriertes Gitter) und d) ABA-Stapelfolge (hexagonal dichteste Packung).

Will man die dichteste räumliche Packung erzielen, muß auf der ersten Kugellage (A-Lage) die zweite Schicht gerade in den Vertiefungen zwischen den Kugeln der A-Lage angeordnet werden (B-Lage) (Bild 2.5b). Die dritte Kugelschicht kann nun entsprechend in zwei unterschiedlichen Positionen angeordnet werden: Befindet sich die dritte Schicht in der C-Lage, die sich weder mit der A- noch der B-Lage deckt, (Bild 2.5c), so ergibt diese Stapelfolge ABC ein Kristallgitter, das durch eine kubisch flächenzentrierte (kfz) Elementarzelle gemäß Bild 2.6 beschrieben werden kann. Wird die dritte Schicht wiederum in der A-Lage angeordnet (s. Bild 2.5d), entsteht dagegen eine hexagonale Elementarzelle (Abkürzung hdp: hexagonal dichteste Packung) gemäß Bild 2.7. Zur Verdeutlichung der Elementarzellen sind in diesen Bildern die Atome durch kleine, sich nicht berührende Kugeln dargestellt.

Nicht alle Metalle kristallisieren in diesen dichtesten Kugelpackungen. Chrom und Molybdän weisen z.B. ein Gitter mit kubisch raumzentrierter Elementarzelle (krz) auf (Bild 2.8). Wesentliche Merkmale der Kugelpackungen und einige Beispielelemente sind in Tab. 2.2 zusammengestellt.

Tab. 2.2: Eigenschaften der Kugelpackungen.

	kfz	hdp	krz
Atome pro Elementarzelle	4	6	2
Packungsdichte	74%	74%	68%
Beispiele	Al, Ag, Au, Cu, Ni, Pb, Pt	Be, Mg, Cd, Zn	Cr, Mo, Ta, W, Li, Na, K

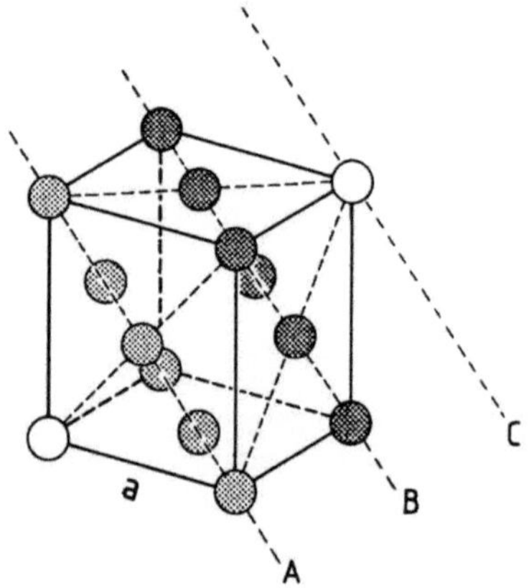

Bild 2.6: Elementarzelle des kubisch flächenzentrierten Gitters (kfz).

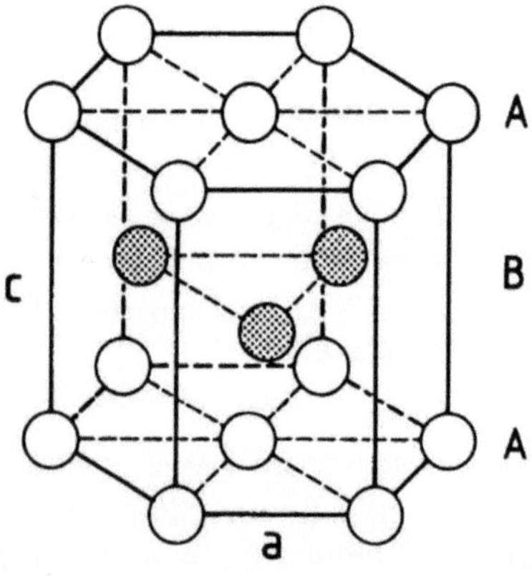

Bild 2.7: Elementarzelle der hexagonal dichtesten Packung (hdp).

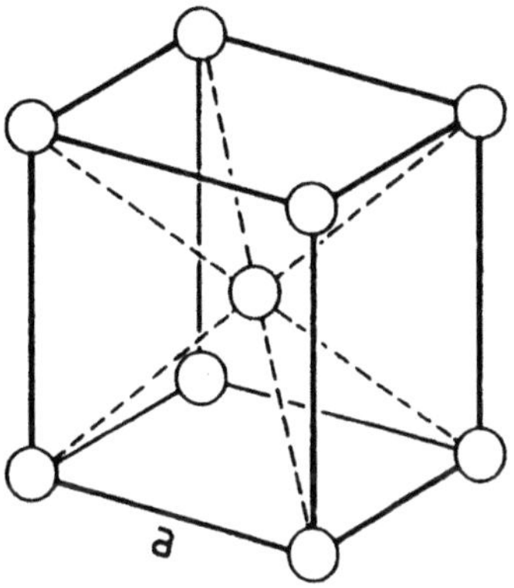

Bild 2.8: Elementarzelle des kubisch raumzentrierten Gitters (krz).

Halbleiter:

Die kovalente (homöopolare) Bindung der Halbleiter benötigt eine bestimmte räumliche Anordnung der Atome. Da die Elementhalbleiter Si, Ge usw. aus der IV. Gruppe des Periodensystems vier Elektronen in der äußeren Schale (Valenzelektronen) aufweisen, erfordert die kovalente Bindung dieser Elemente eine räumliche Konfiguration, bei der jedes Atom von vier Nachbaratomen äquidistant umgeben ist. Eine derartige tetraedrische Koordination ist in Bild 2.9a dargestellt. Diese Diamantstruktur kann man durch kfz-Gitter beschreiben, indem man zwei kfz-Gitter um eine viertel Raumdiagonale gegeneinander verschiebt. Das Gitter ist hochsymmetrisch, weist aber nur eine Raumausfüllung von 34% auf.

Halbleiter mit kovalenter Bindung entstehen auch, wenn anstelle der Gruppe-IV-Atome die Gitterplätze abwechselnd von Gruppe III (In, Ga, Al) und Gruppe V (As, P, Sb) besetzt werden. In diesem Fall ist ein kubisches Teilgitter mit Gruppe-III- und das andere Teilgitter mit Gruppe-V-Atomen besetzt, so daß jedes Gruppe-III-Atom von vier Gruppe-V-Atomen umgeben ist und umgekehrt. Die Bindung ist gemischt kovalent-ionogen, da durch die unterschiedliche Elektronenaffinität eine Polarisation der Elektronenhülle auftritt. Bild 2.9b zeigt diese Zinkblende-Konfiguration (ZnS) und Bild 2.10 ein GaAs-Zinkblendegitter in $[\bar{1}\,\bar{1}\,2]$-Richtung.

Eine weitere Gitterstruktur mit tetraedrischer Koordination erhält man, wenn man zwei hexagonale Teilgitter ineinanderfügt. In diesem sogenannten Wurzit-Gitter kristallisieren einige II-VI Verbindungshalbleiter.

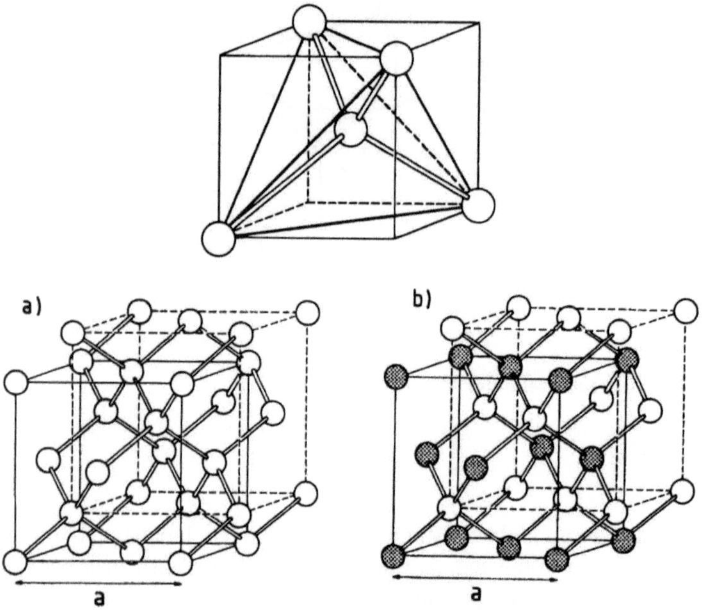

Bild 2.9: Tetraedrische Koordination im a) Diamant- und b) Zinkblendegitter.

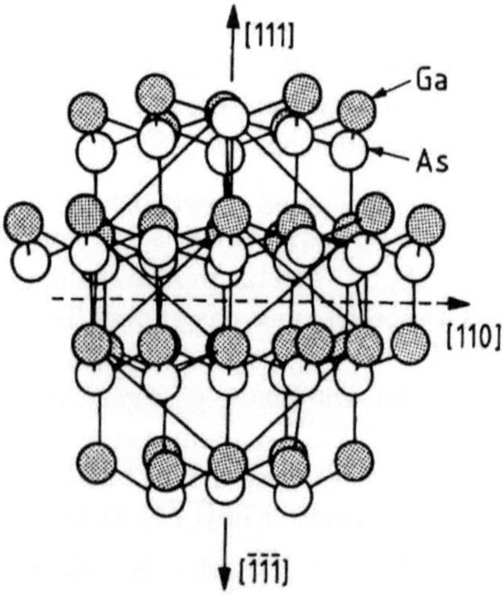

Bild 2.10: GaAs-Kristall in [$\bar{1}\,\bar{1}\,2$]-Richtung [STI 76].

Ionenkristalle:

In Ionenkristallen basiert die Bindung auf coulombschen Anziehungskräften, die keine bevorzugte Bindungsrichtung erfordern. Da außerdem keine dichte Packung der Ionen erforderlich ist, können zahlreiche Variationen auftreten. Als Beispiel sollen nur die kubischen Gitterstrukturen der Alkalihalogenide (Gruppe Ia (Na, K, Cs) und Gruppe VIIa (F, Cl, Br, J)) erwähnt werden.

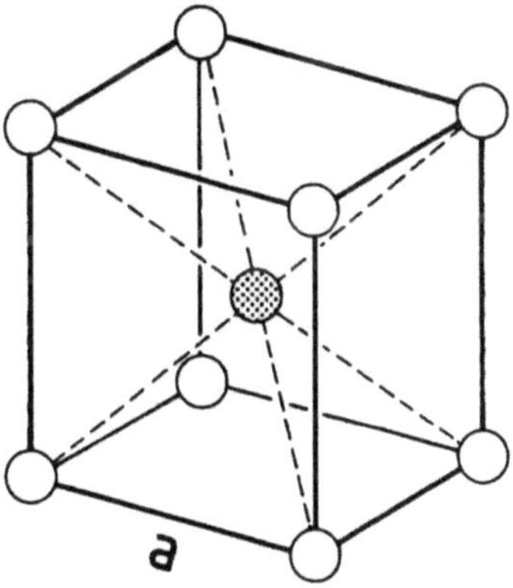

Bild 2.11: Elementarzelle des Cäsiumchlorid-Gitters.

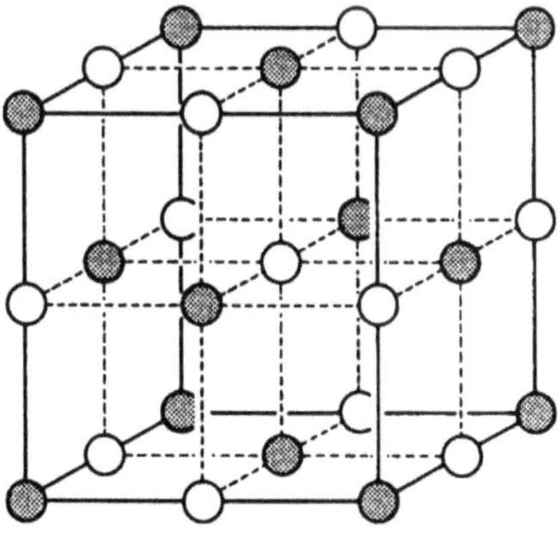

Bild 2.12: Elementarzelle des Natriumchlorid-Gitters.

Als Faustregel gilt: Sind die Ionenradien r_a und r_b nur wenig verschieden ($0.5 < r_a/r_b \leq 1$), so entsteht ein (krz) Cäsiumchlorid-Gitter (Bild 2.11). Bei stark unterschiedlichen Ionenradien wird dagegen ein Natriumchlorid-Gitter (Bild 2.12) bevorzugt. Dieses NaCl-Gitter findet man auch bei einigen Halbleiterwerkstoffen, nämlich den Bleichalkogeniden PbS, PbSe, PbTe, die in der Infrarottechnik von Bedeutung sind.

3 Reziprokes Gitter

In einem homogenen Kristall wird die Ortsabhängigkeit zahlreicher Eigenschaften, z.B. der Elektronenverteilung, durch die Gitterperiodizität geprägt. Bei der analytischen Beschreibung solcher periodischen Strukturen spielt neben dem gegebenen Kristallgitter noch das sogenannte reziproke Gitter eine wesentliche Rolle, das hier zunächst unabhängig von speziellen Anwendungen eingeführt werden soll. Gegeben sei das durch die linear unabhängigen Vektoren $\vec{a}_1, \vec{a}_2, \vec{a}_3$ bestimmte primitive Gitter mit den Gitterpunkten

$$\vec{R} = n_1\vec{a}_1 + n_2\vec{a}_2 + n_3\vec{a}_3 \tag{3.1}$$

für ganzzahlige n_1, n_2, n_3. Eine beliebige ebene Welle $e^{j\vec{k}\vec{r}}$ mit dem Wellenvektor $\vec{k}$ und dem Ortsvektor $\vec{r}$ wird im allgemeinen nicht auf das Gitter passen, da sie nicht die entsprechende Periodizität aufweist. Die Menge aller Wellenvektoren, für die diese Periodizität gegeben ist, also die Menge aller Vektoren $\vec{k}$ mit

$$e^{j\vec{k}\cdot(\vec{r}+\vec{R})} = e^{j\vec{k}\cdot\vec{r}} \tag{3.2}$$

für alle Gittervektoren $\vec{R}$ und alle Ortsvektoren $\vec{r}$ wird als zugehöriges „reziprokes Gitter“ bezeichnet. Gerechtfertigt wird diese Benennung durch die folgenden Betrachtungen, die zeigen, daß das reziproke Gitter selbst wieder ein primitives Gitter ist. Zunächst ist die Bedingung aus Gl. (3.2) gleichwertig mit $e^{j\vec{k}\vec{R}} = 1$ und damit auch zu

$$\vec{k}\cdot\vec{R} = 2\pi n_{\vec{R}} \tag{3.3}$$

für alle Gitterpunkte $\vec{R}$, wobei die ganze Zahl $n_{\vec{R}}$ noch vom Gitterpunkt abhängt. Es seien nun

$$\begin{aligned} \vec{b}_1 &= c(\vec{a}_2 \times \vec{a}_3)\,, \\ \vec{b}_2 &= c(\vec{a}_3 \times \vec{a}_1)\,, \\ \vec{b}_3 &= c(\vec{a}_1 \times \vec{a}_2)\,, \end{aligned} \tag{3.4}$$

mit $c = 2\pi/\mathrm{Det}(\vec{a}_1, \vec{a}_2, \vec{a}_3)$. Diese zu den Seitenflächen der Elementarzelle normalen Vektoren sind linear unabhängig, und es gilt

$$\vec{b}_i \cdot \vec{a}_j = \begin{cases} 2\pi & \text{für } i = j \\ 0 & \text{für } i \neq j \end{cases} . \tag{3.5}$$

Für den Wellenvektor

$$\vec{k} = k_1\vec{b}_1 + k_2\vec{b}_2 + k_3\vec{b}_3 \tag{3.6}$$

und einen beliebigen Gitterpunkt $\vec{R}$ aus Gl. (3.1) folgt

$$\vec{k} \cdot \vec{R} = 2\pi(k_1 n_1 + k_2 n_2 + k_3 n_3) . \tag{3.7}$$

Ist hierbei $\vec{k}$ ein Vektor des reziproken Gitters, so muß z.B. für $n_1 = 1$, $n_2 = n_3 = 0$ wegen Gl. (3.3) das Ergebnis $2\pi k_1$ ein ganzzahliges Vielfaches von 2π sein, d.h. k_1 muß selbst eine ganze Zahl sein. Analog folgt die Ganzzahligkeit von k_2 und k_3. Umgekehrt erfüllt $\vec{k}$ bei ganzzahligen k_1, k_2, k_3 offenbar Gl. (3.3), so daß das reziproke Gitter gerade das durch $\vec{b}_1$, $\vec{b}_2$, $\vec{b}_3$ bestimmte primitive Gitter ist.

Als Beispiel betrachten wir ein einfaches kubisches Gitter mit der Basis

$$\vec{a}_1 = a\vec{x} \ , \quad \vec{a}_2 = a\vec{y} \ , \quad \vec{a}_3 = a\vec{z} \ , \tag{3.8}$$

wobei $\vec{x}, \vec{y}, \vec{z}$ paarweise orthogonale Einheitsvektoren sind und a die Gitterkonstante bedeutet. Für die Basis des reziproken Gitters folgt damit

$$\begin{aligned} \vec{b}_1 &= 2\pi \frac{(a\vec{y}) \times (a\vec{z})}{(a\vec{x}) \cdot [(a\vec{y}) \times (a\vec{z})]} = \frac{2\pi}{a}\vec{x} \ , \\ \vec{b}_2 &= \frac{2\pi}{a}\vec{y} \ , \\ \vec{b}_3 &= \frac{2\pi}{a}\vec{z} \ . \end{aligned} \tag{3.9}$$

Hiernach gilt z.B. für einen Wellenvektor $\vec{k}$ in x-Richtung

$$\vec{k} = k_1 \frac{2\pi}{a} \vec{x} \ . \tag{3.10}$$

Die kürzesten ($k_1 = \pm 1$) von Null verschiedenen Wellenvektoren sind demnach

$$\vec{k} = \pm \frac{2\pi}{a} \vec{x} \ . \tag{3.11}$$

Die ebene Welle $\exp(j\frac{2\pi}{a}x)$ hat die Perioden- bzw. Wellenlänge $\lambda = a$.

Dieser Formalismus des reziproken Gitters wurde hier ohne spezielle Notwendigkeit als grundlegendes Werkzeug eingeführt. Obwohl er zunächst wenig hilfreich erscheint, wird er die Beschreibung wesentlicher Phänomene deutlich vereinfachen. Bereits bei der Untersuchung der Röntgenbeugung im nächsten Kapitel zeigen sich die Vorzüge des reziproken Gitters, und es gewinnt an Transparenz.

4 Experimentelle Charakterisierung von Kristallstrukturen — Röntgenbeugung

Atomabstände in Festkörpern liegen in der Größenordnung von 10^{-10} m (= 0.1 nm = 1 Å). Zur Analyse derartiger Strukturen kommen daher nur elektromagnetische Wellen infrage, deren Wellenlänge geringer oder maximal gleich dieser Periodenlänge ist. Dies entspricht einer Photonenenergie

$$\begin{aligned} \hbar\omega &= \frac{hc}{\lambda} = \frac{hc}{10^{-10}\mathrm{m}} \\ &= \frac{4,136 \cdot 10^{-15}\mathrm{eVs} \cdot 2.998 \cdot 10^{8}\mathrm{m/s}}{10^{-10}\mathrm{m}} \\ &= 12,4\,\mathrm{keV}\,. \end{aligned} \tag{4.1}$$

Für die experimentelle Charakterisierung sind also Röntgenstrahlen erforderlich. In diesem Abschnitt wird die Streuung von Röntgenstrahlen an einem Einkristall diskutiert. Zwei auf Bragg und von Laue zurückgehende unterschiedliche Betrachtungsweisen werden zunächst getrennt dargestellt. Anschließend wird dann aber die Äquivalenz dieser Ergebnisse gezeigt.

4.1 Beschreibung nach Bragg

1913 beobachteten W.H. und W.L. Bragg ausgeprägte charakteristische Beugungsstrukturen bei der Beleuchtung von Kristallen mit Röntgenstrahlung. Sie werden noch heute als Bragg-Reflexe bezeichnet. Zur theoretischen Beschreibung wird der Kristall als Anordnung paralleler Ebenen der Ionen betrachtet. Dabei wird angenommen, daß diese Ebenen „optisch“ reflektierend sind (Einfallswinkel gleich Austrittswinkel), und daß die Reflexe der einzelnen Ebenen interferieren. Für konstruktive Interferenz muß der Wegunterschied ein ganzzahliges Vielfaches m der Wellenlänge λ sein. Es muß also (s. Bild 4.1)

$$2a\,\sin\theta = m\lambda\,. \tag{4.2}$$

gelten, wobei m als Beugungsordnung bezeichnet wird. Der Bragg-Winkel θ gibt, wie im Bild 4.2 verdeutlicht, nur den halben Beugungswinkel an.

Jede Ebenenschar verursacht ein charakteristisches Beugungsmuster. Da aber zusätzlich die Wahl der Ebenen willkürlich ist (z.B. durchgezogene oder unterbrochene Linien in Bild 4.1), sind weitere überlagerte Beugungsmuster zu erwarten.

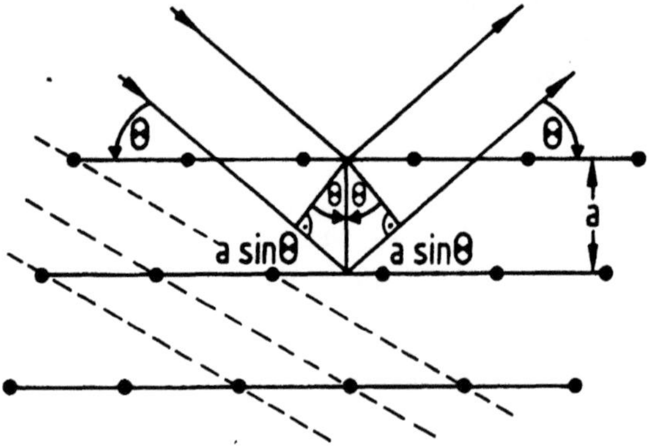

Bild 4.1: Bragg-Reflexion an parallelen Gitterebenen.

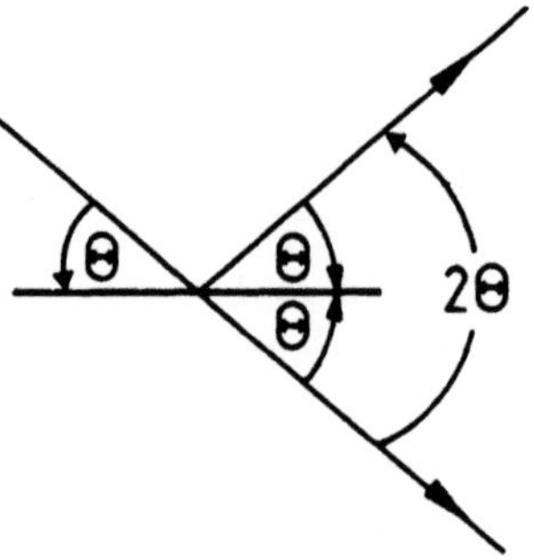

Bild 4.2: Bragg-Winkel und Beugungswinkel.

4.2 Beschreibung nach von Laue

Die Einführung von optisch reflektierenden Ebenen im Braggschen Bild ist willkürlich. Von Laue baut nicht auf diesen Annahmen auf: Der Kristall wird, wie besprochen, durch seine Gittervektoren $\vec{R}$ periodisch aufgebaut. Die Strukturen an diesen Gitterplätzen (Atome, Moleküle, Ionen oder Gruppen) strahlen die einfallende Röntgenstrahlung in alle Raumrichtungen ab (Punktstrahler), wobei etwaige Strahlcharakteristiken wegen der Gleichorientierung bei der Interferenz unberücksichtigt bleiben können. Reflexionsmaxima werden nur in den Raumrichtungen beobachtet, in denen die gestreuten Wellen aller Atome konstruktiv interferieren. Um die Bedingung für konstruktive Interferenz zu erkennen, betrachten wir zunächst, wie in Bild 4.3 dargestellt, zwei Streuzentren, getrennt durch einen Verschiebungsvektor $\vec{d}$ ($d = |\vec{d}|$).

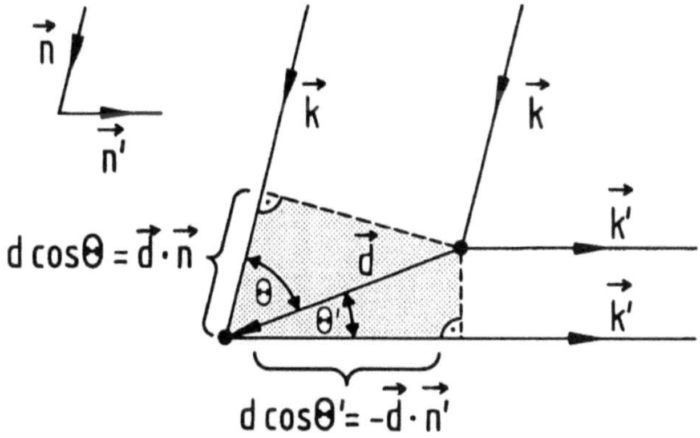

Bild 4.3: Röntgenstreuung an punktförmigen Streuzentren.

Fällt aus der Richtung $\vec{n}$ eine Röntgenwelle der Wellenlänge λ mit dem Wellenvektor $\vec{k} = (2\pi/\lambda)\vec{n}$ ein, so wird konstruktive Interferenz in Richtung $\vec{n}'$ beim Wellenvektor $\vec{k}' = (2\pi/\lambda)\vec{n}'$ beobachtet, wenn die Wegdifferenz ein ganzzahliges Vielfaches der Wellenlänge λ ist, wenn also wegen

$$d\cos\theta + d\cos\theta' = \vec{d}\cdot(\vec{n} - \vec{n}') \tag{4.3}$$

mit einer ganzen Zahl m

$$\vec{d}\cdot(\vec{n} - \vec{n}') = m\lambda \tag{4.4}$$

erfüllt ist. Erweitern von Gl. (4.4) mit $2\pi/\lambda$ ergibt

$$\vec{d}\cdot(\vec{k} - \vec{k}') = 2\pi m\ . \tag{4.5}$$

Bisher wurden zwei Streuzentren im Abstand $\vec{d}$ betrachtet. In einem primitiven Gitter muß diese Bedingung aber für jeden Gittervektor $\vec{R}$ gelten:

$$\vec{R} \cdot (\vec{k} - \vec{k}') = 2\pi m_{\vec{R}} . \tag{4.6}$$

Gleichbedeutend gilt damit

$$e^{j(\vec{k}-\vec{k}')\cdot\vec{R}} = 1 . \tag{4.7}$$

Nach Gl. (3.3) ist dies aber wieder die Definition des reziproken Gitters. Konstruktive Interferenz wird also beobachtet, wenn der Vektor

$$\vec{K} = \vec{k} - \vec{k}' \tag{4.8}$$

ein Vektor des reziproken Gitters ist.

4.3 Äquivalenz beider Modelle

Nach Gl. (4.8) ist der Vektor

$$\vec{K} = \vec{k} - \vec{k}' \tag{4.8}$$

ein Vektor des reziproken Gitters. Da bei der Röntgenstreuung die Frequenz und damit die Wellenlänge λ erhalten bleiben, sind $\vec{k}$ und $\vec{k}'$ betragsmäßig gleich. Daher sind auch, wie in Bild 4.4 skizziert, die Winkel θ zwischen der einfallenden Welle ($\vec{k}$) bzw. der reflektierten Welle ($\vec{k}'$) und der Ebene senkrecht zu $\vec{K}$ gleich. Die Streuung kann also als Reflexion an der Ebene senkrecht zu $\vec{K}$ aufgefaßt werden. $\vec{K}$ muß weiterhin ein ganzzahliges Vielfaches des kürzesten reziproken Gittervektors $\vec{K}_0$ mit $|\vec{K}_0| = 2\pi/a$ sein, wobei $a = |\vec{a}|$ der Abstand der zu $\vec{K}$ senkrechten Ebenen ist:

$$|\vec{K}| = m\frac{2\pi}{a} . \tag{4.9}$$

Gemäß Skizze gilt aber

$$K = 2|\vec{k}| \sin\theta , \tag{4.10}$$

und damit schließlich

$$m\frac{2\pi}{a} = 2|\vec{k}| \sin\theta = 2\frac{2\pi}{\lambda}\sin\theta , \tag{4.11}$$

$$m\lambda = 2a \sin\theta , \tag{4.2}$$

also die Bragg-Bedingung. Beide Betrachtungen liefern somit das gleiche Ergebnis.

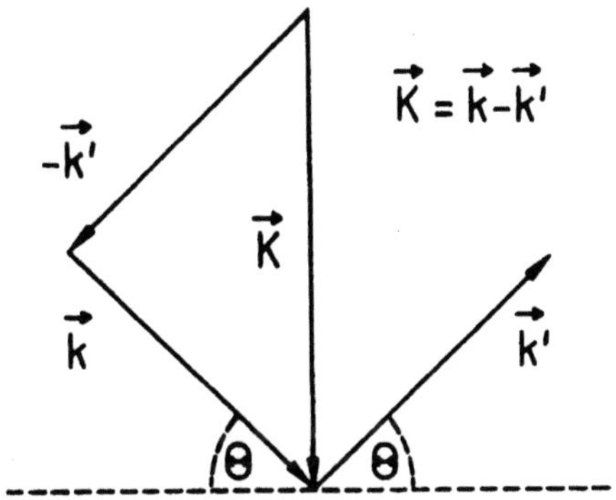

Bild 4.4: Graphische Darstellung der Reflexionsbedingung nach von Laue.

5 Halbleitermaterialien

Unter den Halbleitermaterialien nimmt natürlich der Elementhalbleiter Silizium eine herausragende Stellung ein. Weitere Elementhalbleiter aus der IV-Gruppe des Periodensystems sind Germanium und der allerdings technisch unbedeutende graue Zinn (α-Sn: niedrigstes Leitungsband und höchstes Valenzband sind im Γ-Punkt ($|\vec{k}| = 0$) entartet). Kohlenstoff in Diamantstruktur wurde wegen des hohen Bandabstands von $W_g = 5{,}48$ eV zunächst den Isolatoren zugeordnet; in jüngster Zeit gewinnt er aber als Halbleiterausgangsmaterial für elektronische und photonische Bauelemente erheblich an Bedeutung.

Neben diesen Elementhalbleitern finden zunehmend sogenannte Verbindungshalbleiter technische Anwendungen. Der kovalente Bindungscharakter entsteht bei diesen Verbindungen durch eine abwechselnde Besetzung der Gitterplätze mit Elementen der Gruppe III (In, Ga, Al) und der Gruppe V (As, P, Sb) des Periodensystems. Diese in Abschnitt 2 vorgestellte Zinkblende-Konfiguration kann durch kfz-Teilgitter der Gruppe-III- und Gruppe-V-Elemente beschrieben werden. Im Gegensatz zu den Elementhalbleitern mit rein kovalenter Bindung ist hier ein deutlicher ionogener Bindungsbeitrag zu beobachten. Wichtige binäre III-V-Verbindungshalbleiter sind z.B. GaAs und InP.

Eine weitere Klasse von Verbindungshalbleitern entsteht, wenn die Elemente der Gruppe III durch Gruppe-II-Elemente (Zn, Cd, Hg) und entsprechend die Gruppe-V-Elemente durch Elemente der Gruppe VI (S, Se, Te) ersetzt werden. Einige verbreitete binäre Vertreter dieser II-VI-Verbindungshalbleiter sind ZnS, ZnSe, HgTe und CdTe.

5.1 Elementhalbleiter

Die Elektronenkonfiguration der Elementhalbleiter weist in der äußeren Schale, also z.B. der M-Schale beim Silizium, vier Elektronen auf. Das energetisch günstigere s-Orbital ist doppelt besetzt, von den drei p-Orbitalen sind zwei einfach besetzt (s. Bild 1.5). Die räumliche Konfiguration der Orbitale, also der Bereiche hoher Aufenthaltswahrscheinlichkeit der Elektronen, ist schematisch in Bild 5.1a angedeutet: Das s-Orbital bildet eine Kugel um den Atomkern, die hantelförmigen p-Orbitale sind entlang der Achsen eines kartesischen Koordinatensystems orientiert. Da Silizium zur Absättigung seiner äußeren Schale weder vier Elektronen aufnehmen noch abgeben kann, ist es gezwungen, vier Bindungen einzugehen. Da sich aber die Elektronenpaare der Bindungen abstoßen, sind für die energetisch günstigste Anordnung vier gleichwertige Bindungen erforderlich. Diese Forderung wird durch die sp^3-Hybridisierung erfüllt: Das s- und die drei p-Orbitale verschmelzen in diesem angeregten Zustand zu vier energetisch gleichwertigen, einfach besetzten Zuständen. Im Orbitalmodell können diese gleichwertigen Bindungen mit gleichen Bindungsabständen durch eine Tetraederkonfiguration, wie sie in Bild 5.1b skizziert ist, dargestellt werden. Im Si-Kristall ist also jedes Atom durch vier gleichwertige kovalente Bindungen an seine Nachbarn gebunden. Das hieraus resultierende Diamantgitter wurde bereits in Bild 2.9a vorgestellt. Diese Betrachtungen gelten natürlich auch für Germanium und für die Diamant-Modifikation des reinen Kohlenstoffs.

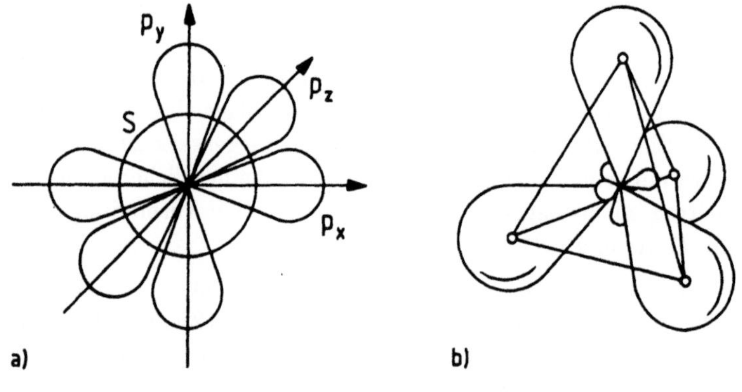

Bild 5.1: Orbitalmodell a) der Elektronengrundkonfiguration und b) der sp^3-Hybridisierung des Si-Atoms.

An dieser Stelle sei kurz erwähnt, daß der Diamant bei Raumtemperatur und Normaldruck allerdings nur die metastabile Modifikation des Kohlenstoffs ist [YOD 87]. Wie das Phasendiagramm in Bild 5.2 zeigt, ist die stabile Konfiguration der Graphit, der durch eine Aufschichtung von Kohlenstoff-Netzstrukturen gebildet wird. Während im Diamant ausschließlich Einfachbindungen auftreten, sind hier sogenannte konjugierte Doppelbindungen von entscheidender Bedeutung.

Da nun zwei Bindungen einem Nachbaratom zugewandt sein müssen, ist eine derartige Doppelbindung mit der tetragonalen Elektronenkonfiguration der sp^3-Hybridisierung kaum möglich. Die Kohlenstoffatome nehmen in diesem

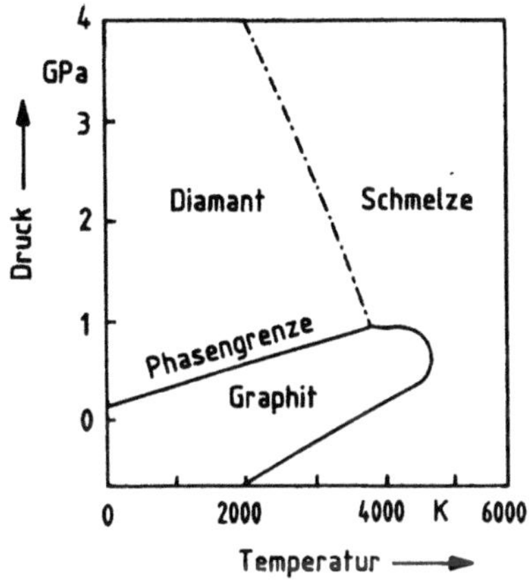

Bild 5.2: Phasendiagramm des Kohlenstoffs [YOD 87].

Fall einen anderen Anregungszustand, nämlich die sp^2-Hybridisierung an (Bild 5.3a). Das kugelförmige s-Orbital und zwei der drei hantelförmigen p-Orbitale bilden drei gleichwertige sp^2-Orbitale. Diese unsymmetrischen Hanteln liegen in einer Ebene. Das verbleibende p-Orbital ist senkrecht zu dieser Ebene angeordnet. Eine Kohlenstoff-Doppelbindung wird nun durch Überlappung zweier sp^2-Orbitale und durch Bildung einer gemeinsamen Elektronenwolke der verbliebenen p-Orbitale gebildet (Bild 5.3b).

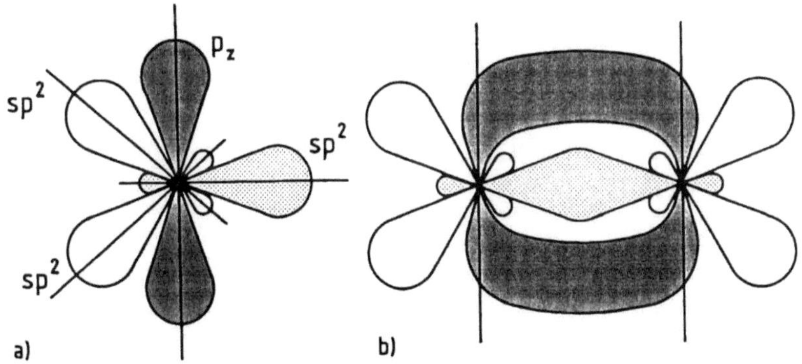

Bild 5.3: a) sp^2-Hybridisierung und b) Doppelbindung des Kohlenstoffs.

Die als σ-Bindung bezeichnete Überlappung der sp^2-Orbitale ist wiederum eine sehr feste Bindung. Dagegen bildet die Überlappung der p-Orbitale, die als π-Bindung bezeichnet wird, eine weit ausladende Elektronenwolke mit wesentlich geringerer Bindungsenergie. Sind zwei Doppelbindungen durch genau eine Einfachbindung getrennt, so bezeichnet man sie als konjugiert.

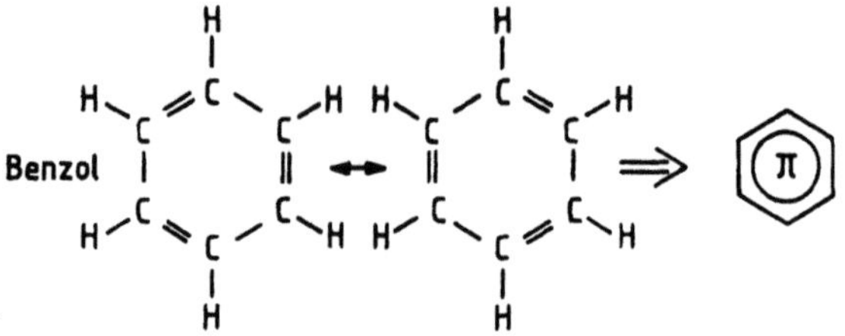

Bild 5.4: Delokalisierung der π-Elektronen im Benzolring.

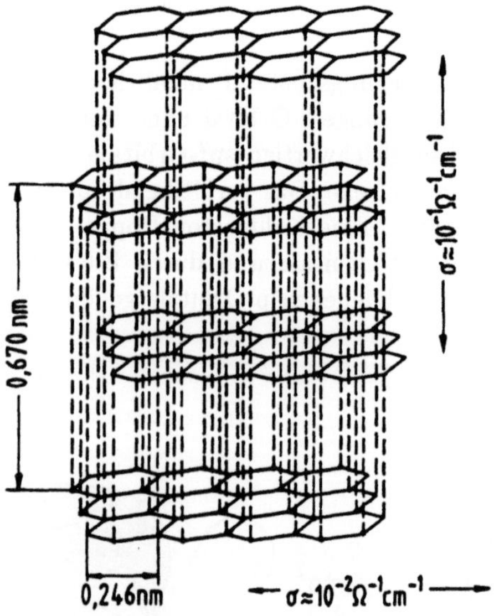

Bild 5.5: Anordnung der Kohlenstoffatome im Graphit.

Die besonderen Eigenschaften von Systemen mit konjugierten Doppelbindungen werden am Beispiel des Benzolrings deutlich (Bild 5.4). Das p-Orbital eines Kohlenstoffatoms kann aufgrund des gleichen Abstands zu seinen beiden Nachbaratomen mit deren p-Orbitalen mit gleicher Wahrscheinlichkeit in Wechselwirkung treten. Die Bindungen können folglich umklappen, ohne das Molekül zu verändern. Die Elektronen des π-Elektronengases fluktuieren folglich im gesamten Ring, so daß die Angabe lokalisierter π-Bindungen ihre Bedeutung verliert. Treffender ist die Darstellung durch einen Ring, der die delokalisierten π-Bindungen symbolisiert. Hier zeigt sich der wesentliche Unterschied zu den starken σ-Bindungen: Die Elektronen sind nicht mehr an bestimmte Kohlenstoffatome gebunden, sondern können sich nahezu frei im Kohlenstoffsystem bewegen.

Daß derartige Systeme aus gekoppelten Kohlenstoffringen leitende Eigenschaften aufweisen, ist unmittelbar ersichtlich. Die Leitfähigkeit in den Schichtebenen wird durch die π-Elektronengase, die Leitfähigkeit senkrecht dazu durch den Orbitalüberlapp zwischen den weit nach oben und unten ausladenden π-Elektronenwolken sichergestellt.

Nach dieser kurzen Diskussion der Elektronenkonfigurationen in den Elementhalbleitern und im Graphit sollen nun die elektronischen Eigenschaften von Diamant, Si und Ge näher betrachtet werden. Einige Materialparameter sind in Tab. 5.1 zuammengestellt, die Bandstrukturen $W(\vec{k})$ zeigt Bild 5.6.

Während das Maximum des höchsten Valenzbands jeweils bei $\vec{k} = \vec{0}$ (Γ-Punkt) liegt, ist das Minimum des niedrigsten Leitungsbands bei Diamant und Silizium in Δ-Richtung ((100)-Richtung) bzw. bei Germanium in Λ-Richtung ((111)-Richtung) in den L-Punkt (Rand der ersten Brillouin-Zone in (111)-Richtung) verschoben. Für den Übergang eines Elektrons aus dem Valenzbandmaximum ins jeweilige Leitungsbandminimum ist daher eine Impulsänderung z.B. durch Wechselwirkung mit einem Phonon erforderlich. Derartige Bandstrukturen werden als indirekt bezeichnet. Die Bandabstände dieser indirekten Übergänge betragen $W_{g,\text{Diamant}} = 5,5$ eV, $W_{g,\text{Si}} = 1,12$ eV und $W_{g,\text{Ge}} = 0,66$ eV. Häufig ist es günstiger, anstelle des Bandabstands W_g die entsprechende Bandlückenwellenlänge λ_g anzugeben. Die Umrechnung ergibt $\lambda_g = 0,225\ \mu$m ($1,1\ \mu$m, $1,88\ \mu$m) für Diamant (Si, Ge). Während Si und Ge im sichtbaren Spektralbereich stark absorbieren, ist Diamant bis in den UV-Bereich transparent.

In Si und Ge können p- und n-Leitung durch Einbringung von Akzeptoren bzw. Donatoren problemlos erzielt werden. Dagegen bereitet der Einbau von Fremdatomen im Diamant aufgrund der geringen Gitterkonstante erhebliche Schwierigkeiten. Dies ist einer der Gründe für die bisher geringe Bedeutung des Diamant für elektronische Bauelemente. Aber auch hier zeichnen sich in den letzten Jahren erhebliche Fortschritte ab, so daß sogar erste Dioden und Transistoren verwirklicht werden konnten.

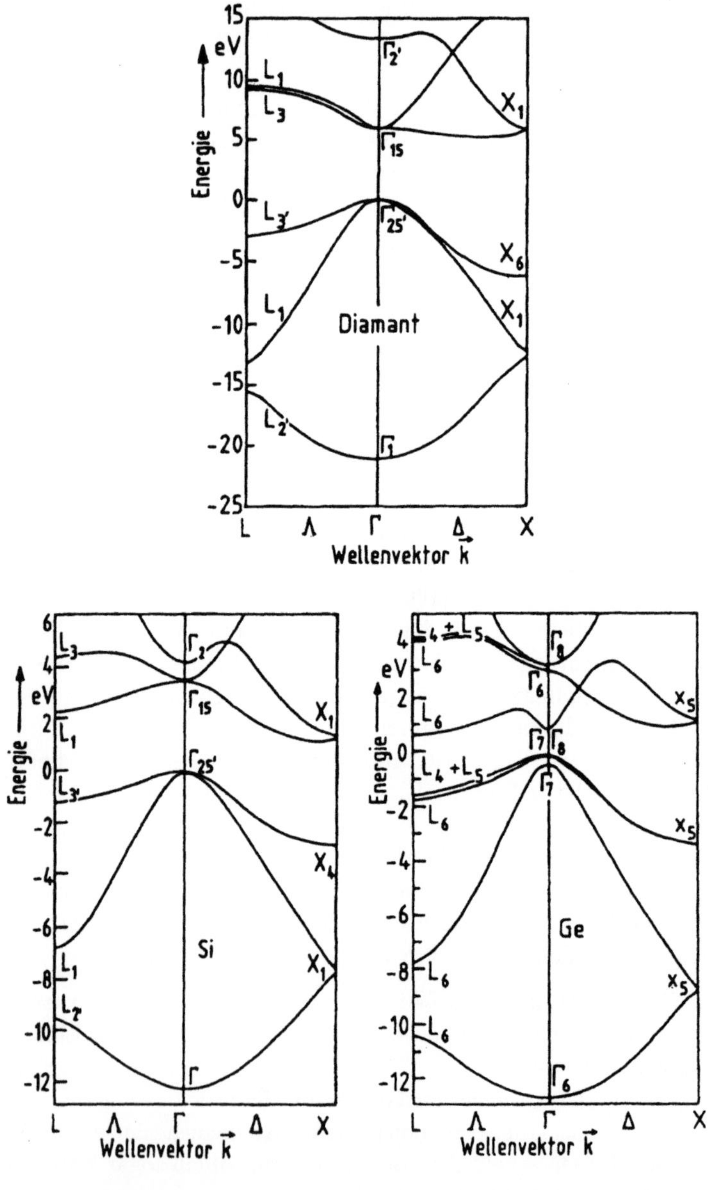

Bild 5.6: Bandstrukturen $W(\vec{k})$ der Elementhalbleiter Diamant, Si und Ge [COH 89].

Tab. 5.1: Materialparameter von Diamant, Si und Ge [MAD 82; PAL 85; YOD 87 et al.].

	C (Diamant)	Si	Ge
Gitterstruktur	Diamant	Diamant	Diamant
Gitterkonstante (nm)	0,3567	0,5431	0,5646
Dichte (g/cm^3)	3,515	2,328	5,327
Atome bzw. Moleküle (10^{22}cm^{-3})	17,6	5,0	4,42
Schmelzpunkt (°C)	3827	1415	937
spez. Wärme (J/(g K))		0,7	0,31
Wärmeleitfähigkeit (W/(cm K))	20	1,5	0,6
stat. Dielektrizitäts-konstante $\varepsilon/\varepsilon_0$	5,70	11,9	16,0
Brechungsindex (nahe W_g)	2,4	3,5	4,2
Temp.-Abh. des Brechungs-index ($\frac{1}{n}\frac{dn}{dT}$, (K^{-1}))	$1{,}1\cdot10^{-6}$	$2{,}6\cdot10^{-6}$	—
Bandabstände			
$W_{g,\Gamma\Gamma}$ (eV)	6,5	3,2	0,80
$W_{g,\Gamma L}$ (eV)	9,2	1,65	0,66
$W_{g,\Gamma X}$ (eV)	5,45(Δ)	1,12(Δ)	—
Bandstruktur	indirekt	indirekt	indirekt
eff. Elektronenmasse m_e/m_o		1,0	1,3
eff. Löchermasse m_{hh}/m_o		0,5	0,3
Elektronenbeweg-lichkeit (cm^2/(Vs))	2200	1500	3900
Löcherbeweg-lichkeit (cm^2/(Vs))	2000	450	1900
opt. Phononen-energie (meV) [λ/μm] LO:	15,5 [8,0]	64 [19,3]	37 [33,5]
TO:	149 [8,3]	50 [24,8]	29,5 [42,0]

5.2 III-V-Verbindungshalbleiter

Verbindungshalbleiter ermöglichen nicht nur günstigere elektronische Eigenschaften, sondern sind insbesondere deshalb von großer Bedeutung, da einige dieser Materialien eine direkte Bandstruktur aufweisen, die eine wesentliche Voraussetzung für Lasertätigkeit ist. Darüber hinaus ermöglicht die Herstellung komplexer ternärer bzw. quaternärer Verbindungen und die Abscheidung von Mehrlagenstrukturen unterschiedlicher Zusammensetzung neuartige Bauelementkonzepte, die mit den Elementhalbleitern nicht verwirklicht werden können.

Im Zinkblendegitter (s. Bild 2.9b) der III-V-Verbindungshalbleiter ist eines der kfz-Teilgitter mit Atomen der Gruppe-III-Elemente (B, Al, Ga, In) besetzt, während das andere Teilgitter die Atome der Gruppe-V-Elemente (N, P, As, Sb) aufnimmt. Jedes Gruppe-III-Atom ist daher von jeweils vier Gruppe-V-Atomen umgeben, und entsprechend jedes Gruppe-V-Atom von vier Gruppe-III-Atomen. Wichtige Eigenschaften einiger binärer III-V-Verbindungshalbleiter sind in Tab. 5.2 zusammengestellt. Da mit steigender Ordnungszahl der Elemente der Atomradius anwächst, ergibt sich auch eine entsprechende Zunahme der Gitterkonstante a beim Übergang zu Atomen höherer Ordnungszahl. Sie reicht von $a_{\mathrm{BN}} = 0,36157$ nm bis $a_{\mathrm{InSb}} = 0,6480$ nm.

Volumenkristalle dieser III-V-Verbindungshalbleiter werden bisher nur aus binären Verbindungen, also z.B. aus GaAs und InP, hergestellt. Neben diesen beiden Verbindungen weisen aber auch einige andere Materialien eine direkte Bandstruktur auf. Das Maximum des Valenzbands und das Minimum des Leitungsbands liegen beide im Γ-Punkt, so daß ein Elektronenübergang ohne Impulsänderung, also ohne Phonon-Wechselwirkung, erfolgen kann. Die Bandstrukturen von GaAs und InP sind in Bild 5.7 dargestellt. Den Bandabständen $W_g = 1,424$ eV (1,35 eV) von GaAs (InP) entsprechen die Wellenlängen $\lambda_g = 870$ nm (918 nm). Da aber binäre Verbindungen, wie aus Tab. 5.2 ersichtlich, unterschiedliche Gitterkonstanten aufweisen, lassen sie sich nicht spannungsfrei aufeinander abscheiden, so daß Mehrlagensysteme aus binären Systemen im allgemeinen nicht hergestellt werden können.

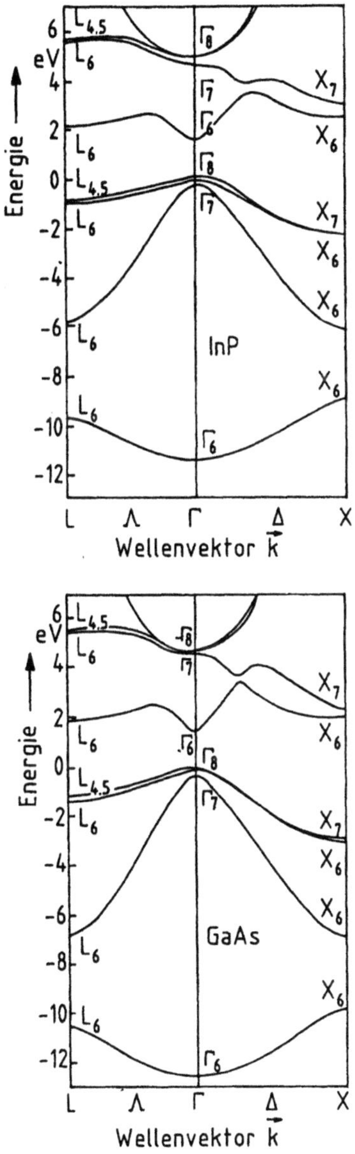

Bild 5.7: Bandstrukturen $W(\vec{k})$ der Verbindungshalbleiter InP und GaAs [COH 89].

Tab. 5.2: Eigenschaften einiger wichtiger binärer III-V-Halbleiter [MAD 82; KAT 82; CAS 78; PEA 82 et al.].

	BN	AlN	AlP	AlAs	AlSb	GaN
Gitterstruktur	Zinkblende	Zinkblende	Zinkblende	Zinkblende	Zinkblende	Zinkblende
Gitterkonstante (nm)	0,36157	0,438	0,5467	0,5660	0,6136	0,454
Dichte (g/cm^3)	3,487	3,255	2,4	3,7	4,26	6,095
Atome bzw. Moleküle ($10^{22} cm^{-3}$)			2,45	2,21	1,74	
Schmelzpunkt (°C)	2973	3000	2550	1740	1065	1700
spez. Wärme (J/(g K))	0,08	0,11	0,26	0,20	0,35	0,2
Wärmeleitfähigkeit (W/(cm K))	1	3	0,9	0,8	0,57	1,3
stat. Dielektrizitätskonstante $\varepsilon/\varepsilon_0$	7,1	9,14	9,8	10,1	12,0	10,4
Brechungsindex (nahe W_g)	2,1	2,2	3,03	3,18	3,4	2,3
Temp.-Abh. des Brechungsindex ($\frac{1}{n}\frac{dn}{dT}$, (K^{-1}))	—	—	$3{,}5\cdot10^{-5}$	$4{,}6\cdot10^{-5}$	$3{,}5\cdot10^{-5}$	$2{,}6\cdot10^{-5}$
Bandabstände						
$W_{g,\Gamma\Gamma}$ (eV)	14,5	6,2	3,62	3,14	2,3	3,44
$W_{g,\Gamma L}$ (eV)	—	—	—	2,36	2,21	—
$W_{g,\Gamma X}$ (eV)	6,4	—	2,49	2,14	1,62(Δ)	—
Bandstruktur	indirekt	direkt	indirekt	indirekt	indirekt	direkt
eff. Elektronenmasse m_e/m_o	0,725	—	—	0,79	0,92	0,27
eff. Löchermasse m_{hh}/m_o	0,375/ 0,926	—	0,63	0,76	0,94	0,8
Elektronenbeweglichkeit ($cm^2/(Vs)$)	—	—	80	200	200	440
Löcherbeweglichkeit ($cm^2/(Vs)$)	—	14	—	—	400	—
opt. Phononenenergie (meV) [$\lambda/\mu m$] LO:	161,8 [7,66]	110 [11,2]	— —	50,1 [24,7]	42,1 [29,4]	93 [13,3]
TO:	130,8 [9,48]	83,3 [14,9]	— —	44,7 [27,7]	39,5 [31,4]	68 [18,2]

GaP	GaAs	GaSb	InP	InAs	InSb	
Zink-blende	Zink-blende	Zink-blende	Zink-blende	Zink-blende	Zink-blende	Gitterstruktur
0,5451	0,5653	0,6096	0,5869	0,6058	0,6480	Gitterkonstante (nm)
4,13	5,32	5,61	4,79	5,67	5,77	Dichte (g/cm^3)
2,48	2,22	1,77	1,98	1,80	1,47	Atome bzw. Moleküle (10^{22}cm^{-3})
1467	1238	712	1058	937	527	Schmelzpunkt (°C)
0,29	0,35	0,42	0,33	0,41	0,48	spez. Wärme (J/(g K))
0,77	0,46	0,39	0,68	0,27	0,17	Wärmeleitfähigkeit (W/(cm K))
11,1	13,1	15,7	12,6	15,1	17,7	stat. Dielektrizitätskonstante $\varepsilon/\varepsilon_0$
3,45	3,65	3,82	3,41	3,52	4,0	Brechungsindex (nahe W_g)
$2{,}5\cdot10^{-5}$	$4{,}5\cdot10^{-5}$	$8{,}2\cdot10^{-5}$	$2{,}7\cdot10^{-5}$	$6{,}5\cdot10^{-5}$	$1{,}2\cdot10^{-4}$	Temp.-Abh. des Brechungsindex ($\frac{1}{n}\frac{dn}{dT}$, (K^{-1}))
						Bandabstände
2,74	1,424	0,75	1,35	0,36	0,25	$W_{g,\Gamma\Gamma}$ (eV)
3,00	1,75	0,82	1,87	1,60	1,03	$W_{g,\Gamma L}$ (eV)
2,26	1,94	1,72	2,04	2,10	1,71	$W_{g,\Gamma X}$ (eV)
indirekt	direkt	direkt	direkt	direkt	direkt	Bandstruktur
1,82	0,067	0,044	0,075	0,023	0,014	eff. Elektronenmasse m_e/m_o
0,54	0,48	0,34	0,56	0,37	0,39	eff. Löchermasse m_{hh}/m_o
110	8500	3800	4600	33000	80000	Elektronenbeweglichkeit (cm^2/(Vs))
75	400	680	150	460	1250	Löcherbeweglichkeit (cm^2/(Vs))
49,9 [24,8]	36,2 [34,3]	28,9 [42,9]	42,7 [29,0]	29,5 [42,0]	23,7 [52,4]	LO opt. Phononenenergie (meV) [λ/μm]
45,5 [27,2]	33,3 [37,2]	27,8 [44,6]	37,7 [32,9]	26,9 [46,0]	22,3 [55,6]	TO

Moderne Epitaxieverfahren wie Flüssigphasenepitaxie (LPE), metallorganische Gasphasenepitaxie (MOVPE) und Molekularstrahlepitaxie (MBE) ermöglichen aber sogar das Wachstum dünner, einkristalliner Schichten aus drei oder vier verschiedenen Elementen auf binären Substratkristallen. Diese komplexeren Legierungen werden als ternäre bzw. quaternäre Verbindungshalbleiter bezeichnet. Für eine hohe Kristallqualität wird eine gute Gitteranpassung angestrebt; aber auch in der Kristallzucht gitterfehlangepaßter und daher verspannter Epitaxieschichten sind erhebliche Fortschritte zu verzeichnen.

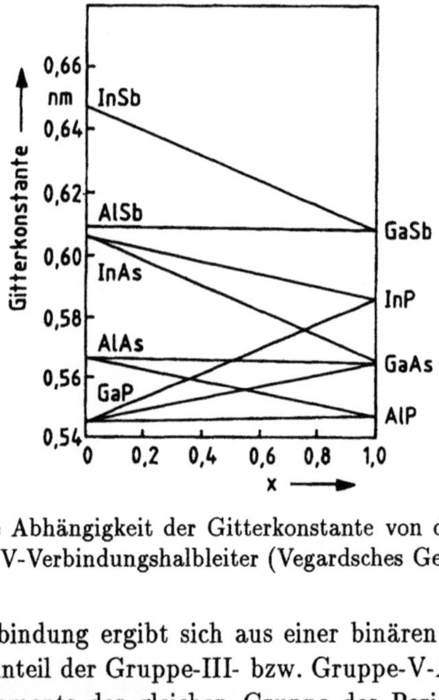

Bild 5.8: Lineare Abhängigkeit der Gitterkonstante von der Zusammensetzung der III-V-Verbindungshalbleiter (Vegardsches Gesetz).

Eine ternäre Verbindung ergibt sich aus einer binären Verbindung, indem ein bestimmter Anteil der Gruppe-III- bzw. Gruppe-V-Atome durch Atome eines anderen Elements der gleichen Gruppe des Periodensystems ersetzt wird. So kann z.B. im GaAs-Kristall ein bestimmter Bruchteil x der Ga-Atome gegen Al-Atome ausgetauscht werden. In diesem Fall erhält man das ternäre System $Al_xGa_{1-x}As$ $(0 \leq x \leq 1)$. Entsprechend könnte auch As gegen P ausgetauscht werden, so daß sich $GaAs_{1-y}P_y$ $(0 \leq y \leq 1)$ ergibt. Mit den Zusammensetzungsparametern x bzw. y ändern sich auch die Eigenschaften der Verbindungen. Während die meisten Parameter keine lineare Abhängigkeit von der Zusammensetzung zeigen, ist die Gitterkonstante im allgemeinen eine lineare Funktion. Dieses Verhalten wird als „Vegardsches

Gesetz" bezeichnet und in Bild 5.8 für einige ternäre Systeme verdeutlicht. Es kann als brauchbare Näherung auch auf quaternäre Verbindungen erweitert werden.

Wegen der für eine gute Kristallqualität erforderlichen Gitteranpassung zwischen binärem Substrat und ternärer epitaktischer Schicht können, wie aus Bild 5.8 ersichtlich, nur wenige ternäre Verbindungen auf binäre Substrate aufgewachsen werden. Gitteranpassung liegt z.B. für $In_{0,53}Ga_{0,47}As$ auf InP-Substrat vor.

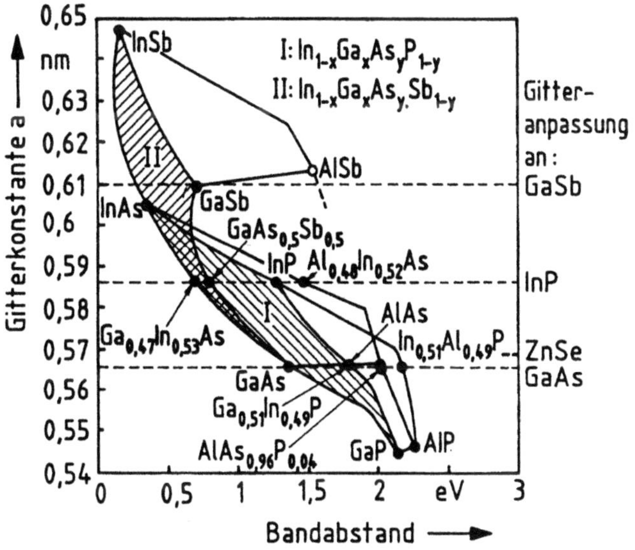

Bild 5.9: Gitterkonstante-Bandabstands-Diagramm für III-V-Halbleiter [KAT 92, Kap. 1].

Eine umfassendere Übersicht gibt das Gitterkonstante-Bandabstands-Diagramm in Bild 5.9. Neben den binären Verbindungen sind weitere ternäre Legierungen hervorgehoben, die gitterangepaßt auf InP- bzw. GaAs-Substrate aufgewachsen werden können. Bemerkenswert ist die ternäre Legierung $In_{0,51}Al_{0,49}P$ gitterangepaßt an GaAs. Aufgrund des hohen Bandabstands von $W_g = 2,2$ eV, entsprechend einer Bandkantenwellenlänge von $\lambda_g \approx 560$ nm, reicht diese Verbindung bis in den sichtbaren Spektralbereich. Aufgrund der indirekten Bandstruktur kann diese ternäre Verbindung aber nicht unmittelbar für Laser und Leuchtdioden eingesetzt werden.

Neben $In_{0,51}Al_{0,49}P$ weist auch $In_{0,49}Ga_{0,51}P$ die Gitterkonstante des GaAs-Substrats auf. Weiterhin kann neben dem bereits erwähnten $In_{0,53}Ga_{0,47}As$ auch $In_{0,52}Al_{0,48}As$ gitterangepaßt auf InP aufgewachsen werden. Diese Ergebnisse deuten an, daß offensichtlich Ga-Atome gegen Al-Atome ausgetauscht werden können, ohne daß sich hieraus eine wesentliche Veränderung der Gitterkonstante ergibt. Dies wird durch die nahezu gleichen Gitterkonstanten von AlAs und GaAs bestätigt. Hieraus resultiert, daß auch jede ternäre $Al_xGa_{1-x}As$-Legierung an beide binären Verbindungen angepaßt ist. Da aber reines AlAs an Luft nicht beständig ist, kommt als Substrat für die Epitaxie nur GaAs infrage. Aufgrund dieser günstigen Verhältnisse hat sich dieses ternäre System sehr früh zu einer außergewöhnlichen Reife entwickelt.

$Al_xGa_{1-x}As$

Während GaAs eine direkte Bandstruktur aufweist, liegt das Minimum des Leitungsbands bei AlAs im X-Punkt; diese binäre Verbindung ist folglich ein indirekter Halbleiter. Die energetische Verschiebung der Minima im Γ- bzw. X-Punkt in $Al_xGa_{1-x}As$ beim Übergang von GaAs zu AlAs kann durch die Näherungen

$$W_{g,\Gamma\Gamma}(x)/\mathrm{eV} = \begin{cases} 1.424 + 1.247x & x \leq 0.45 \\ 1.424 + 1.247x + 1.55(x-0.45)^2 & x > 0.45\,, \end{cases} \tag{5.1}$$

$$W_{g,\Gamma X}(x)/\mathrm{eV} = 1.94 + 0.0188x + 0.1812x^2 \tag{5.2}$$

beschrieben werden, die in Bild 5.10 dargestellt sind [CAS 78, Kap. 5].

Für die Zusammensetzungsabhängigkeiten der effektiven Massen der Elektronen (m_e), schweren Löcher (m_{hh}) und leichten Löcher (m_{lh}) gelten folgende lineare Näherungen [ADA 85]

$$m_e(x)/m_0 = 0{,}067 + 0{,}083x\,, \tag{5.3}$$

$$m_{hh}(x)/m_0 = 0{,}62 + 0{,}14x\,, \tag{5.4}$$

$$m_{lh}(x)/m_0 = 0{,}087 + 0{,}063x\,. \tag{5.5}$$

Sie sind in den Bildern 5.11–5.13 wiedergegeben.

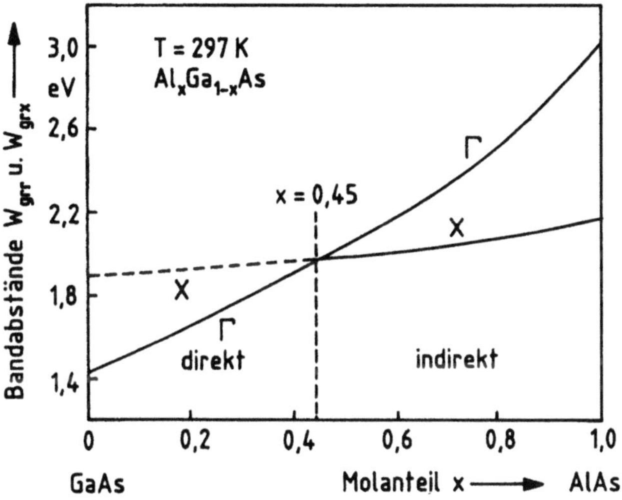

Bild 5.10: Bandabstände $W_{g,\Gamma\Gamma}(x)$ und $W_{g,\Gamma X}(x)$ von $Al_xGa_{1-x}As$ als Funktion der Zusammensetzung.

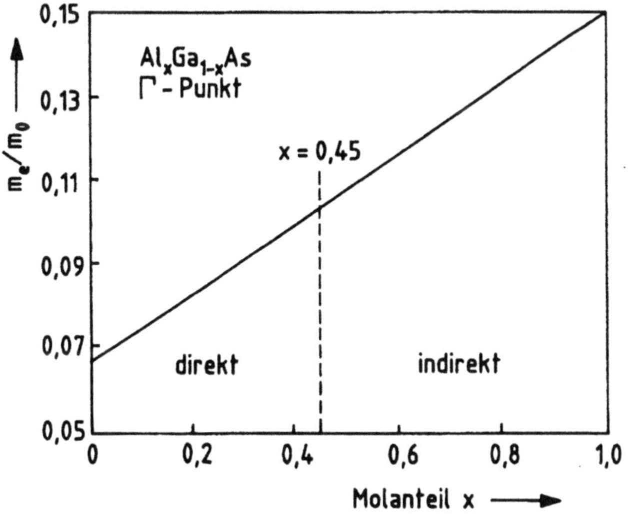

Bild 5.11: Zusammensetzungsabhängigkeit der effektiven Elektronenmasse in $Al_xGa_{1-x}As$.

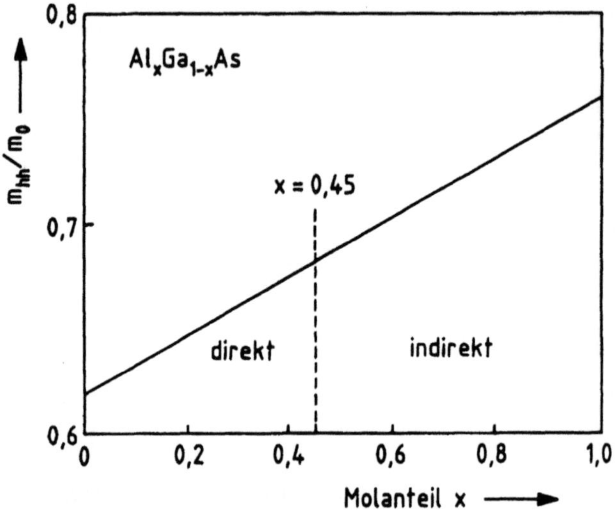

Bild 5.12: Zusammensetzungsabhängigkeit der Masse des schweren Lochs in $Al_xGa_{1-x}As$.

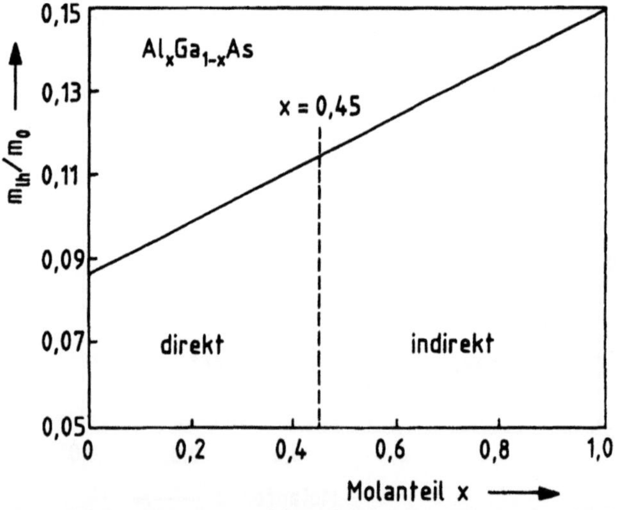

Bild 5.13: Zusammensetzungsabhängigkeit der Masse des leichten Lochs in $Al_xGa_{1-x}As$.

Der Übergang von der direkten zur indirekten Bandstruktur erfolgt bei einem Al-Gehalt von $x = 0,45$. Eine direkte Bandstruktur ergibt sich folglich im Energieintervall $W_g = 1,424$ eV (GaAs) bis $W_g = 1,98$ eV ($Al_{0,45}Ga_{0,55}As$).

$In_{1-x}Ga_xAs_yP_{1-y}$

Für die optische Nachrichtentechnik hat das quaternäre System $In_{1-x}Ga_xAs_yP_{1-y}$, das von den vier binären Verbindungen GaAs, GaP, InAs und InP aufgespannt wird, besondere Bedeutung, da die Bandlückenwellenlänge an die Dämpfungsminima der Quarzglasfaser bei 1,3 μm (0,95 eV) und bei 1,55 μm (0,8 eV) angepaßt werden kann. Bandabstand und Gitterkonstante in diesem quaternären System sind in Bild 5.14 dargestellt.

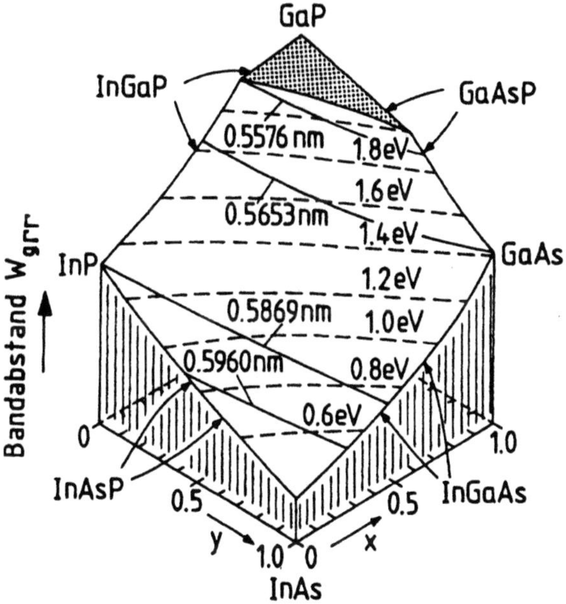

Bild 5.14: Gitterkonstante und Bandabstand im System $In_{1-x}Ga_xAs_yP_{1-y}$ [NUE 77].

Für die Zusammensetzungsabhängigkeit des Bandabstands der vier ternären Systeme der Kanten zwischen den binären Materialien der Eckpunkte gelten die Näherungen [KAT 92, Kap. 1; CAS 78, Kap.5]:

$$\begin{aligned}
In_{1-x}Ga_xP: W_{g,\Gamma\Gamma}(x)/\mathrm{eV} &= 1,352+0,643x+0,786x^2\,, && (5.6)\\
In_{1-x}Ga_xAs: W_{g,\Gamma\Gamma}(x)/\mathrm{eV} &= 0,36+0,7x+0,364x^2\,, && (5.7)\\
GaAs_yP_{1-y}: W_{g,\Gamma\Gamma}(y)/\mathrm{eV} &= 2,75-1,502y+0,176y^2\,, && (5.8)\\
InAs_yP_{1-y}: W_{g,\Gamma\Gamma}(y)/\mathrm{eV} &= 1,352-1,093y+0,101y^2\,. && (5.9)
\end{aligned}$$

Der Bandabstand des gesamten Systems in Abhängigkeit von den Zusammensetzungsparametern x und y kann durch den Ausdruck

$$\begin{aligned}
W_{g,\Gamma\Gamma}(x,y)/\mathrm{eV} &= 1,35+0,668x-1,068y+0,758x^2+0,078y^2\\
&\quad -0,069xy-0,332x^2y+0,03xy^2 && (5.10)
\end{aligned}$$

approximiert werden [KUP 84]. Von technologischem Interesse sind allerdings vorrangig die an InP-Substrat gitterangepaßten Verbindungen, die durch die Bedingung

$$x = 0,4y+0,067y^2 \qquad (5.11)$$

bestimmt werden. Der Bandabstand dieser speziellen Legierungen mit direkter Bandstruktur folgt in guter Näherung der Beziehung

$$W_{g,\Gamma\Gamma}(y)/\mathrm{eV} = 1,35-0,72y+0,12y^2\,, \qquad (5.12)$$

reicht also von $W_g = 1,35$ eV ($\lambda_g = 0,92\,\mu$m) bis $W_g = 0,75$ eV ($\lambda_g = 1,65\,\mu$m) [PEA 82, Kap.2]. Der Verlauf ist in Bild 5.16 zusammen mit zahlreichen experimentellen Ergebnissen dargestellt.

Die Werte der effektiven Massen betragen in InP $m_e = 0,075m_0$, $m_{hh} = 0,56m_0$ und $m_{lh} = 0,12m_0$ und in $In_{0,53}Ga_{0,47}As$ $m_e = 0,041m_0$, $m_{hh} = 0,5m_0$ und $m_{lh} = 0,051m_0$. Für die Zusammensetzungsabhängigkeiten der effektiven Massen können folgende lineare Näherungsformeln angewandt werden [KAT 92, Kap. 1]:

$$\begin{aligned}
m_e(x)/m_0 &= 0,075-0,034y\,, && (5.13)\\
m_{hh}(x)/m_0 &= 0,56-0,06y\,, && (5.14)\\
m_{lh}(x)/m_0 &= 0,12-0,069y\,. && (5.15)
\end{aligned}$$

Die Verläufe sind in den Bildern 5.16–5.18 wiedergegeben.

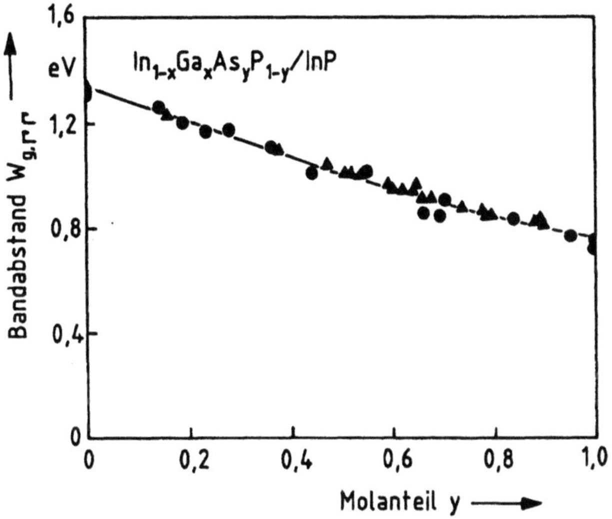

Bild 5.15: Bandabstand $W_{g,\Gamma\Gamma}(y)$ von $In_{1-x}Ga_xAs_yP_{1-y}$ gitterangepaßt an InP.

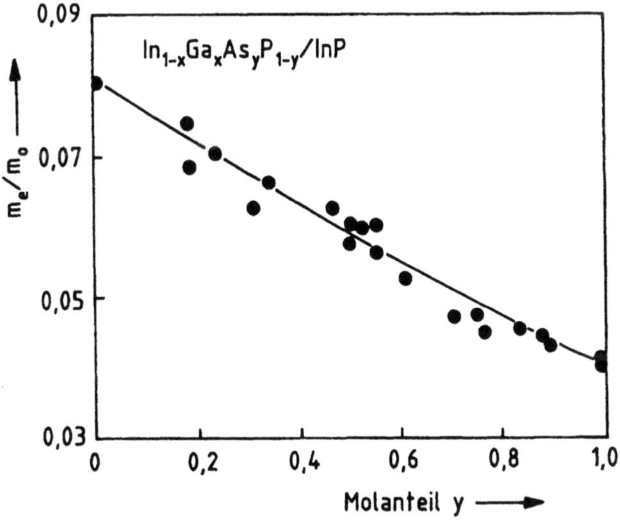

Bild 5.16: Zusammensetzungsabhängigkeit der effektiven Elektronenmasse in $In_{1-x}Ga_xAs_yP_{1-y}$.

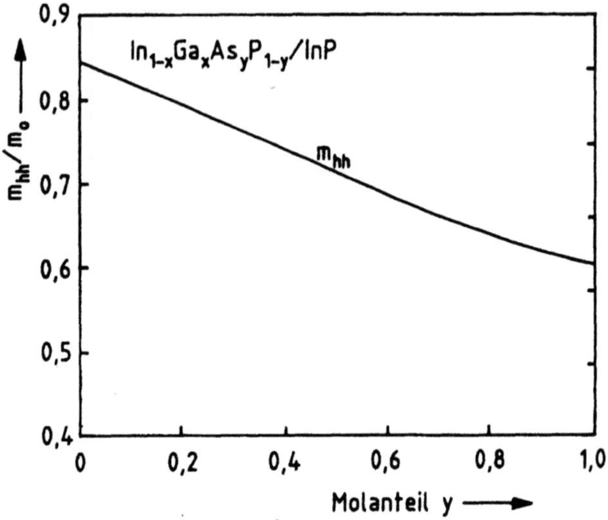

Bild 5.17: Zusammensetzungsabhängigkeit der Masse des schweren Lochs in $In_{1-x}Ga_xAs_yP_{1-y}$.

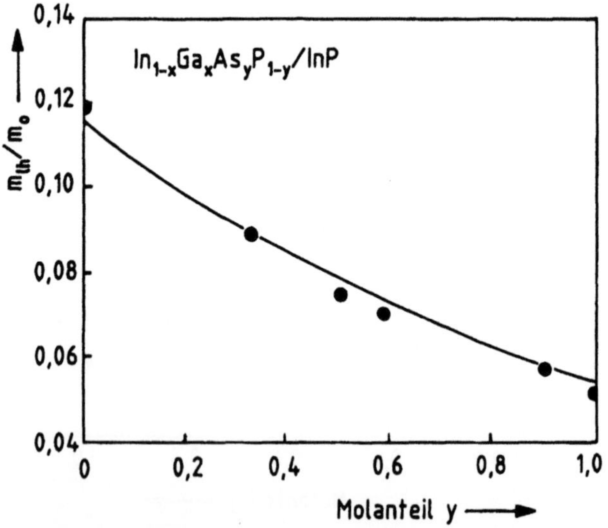

Bild 5.18: Zusammensetzungsabhängigkeit der Masse des leichten Lochs in $In_{1-x}Ga_xAs_yP_{1-y}$.

$In_{1-y}(Al_xGa_{1-x})_yAs$

Der Spektralbereich der optischen Nachrichtentechnik wird auch durch das, technologisch allerdings sehr anspruchsvolle, quaternäre System $In_{1-y}(Al_xGa_{1-x})_yAs$ abgedeckt. Bild 5.19 verdeutlicht die Verhältnisse durch Zusammenfügen beider Systeme.

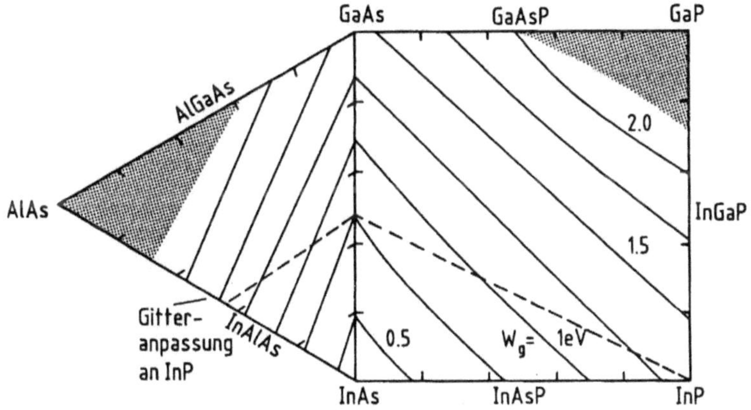

Bild 5.19: $In_{1-x}Ga_xAs_yP_{1-y}$- und $In_{1-y}(Al_xGa_{1-x})_yAs$-System.

Der Bandabstand in Abhängigkeit von den Zusammensetzungsparametern x und y folgt etwa der Gleichung

$$\begin{aligned} W_{g,\Gamma\Gamma}(x,y)/\mathrm{eV} &= 0,36 + 0,629(1+2,327x)y \\ &\quad + 0,436(1-4,264x+4,587x^2)y^2 \\ &\quad + 2x(1-x)y^3 . \end{aligned} \tag{5.16}$$

Für Gitteranpassung an InP ist $y \approx 0,47 \ldots 0,48$ zu wählen. Der Parameter x kann dagegen den gesamten Wertebereich $0 \leq x \leq 1$ durchlaufen, da, wie bereits erläutert, der Austausch von Ga-Atomen gegen Al-Atome die Gitterkonstante nur unwesentlich beeinflußt. In diesem Fall vereinfacht sich Gl. (5.16) zu

$$W_{g,\Gamma\Gamma}(x, 0,47)/\mathrm{eV} = 0,75 + 0,678x + 0,042x^2 . \tag{5.17}$$

Der Bandabstand reicht von $W_g = 0,75$ eV ($\lambda_g = 1,65\,\mu$m, $In_{0,53}Ga_{0,47}As$) bis $W_g = 1,47$ eV ($\lambda_g = 0,84\,\mu$m, $In_{0,52}Al_{0,48}As$), wobei alle quaternären Verbindungen eine direkte Bandstruktur aufweisen [OLE 82].

$In_{1-y}(Al_xGa_{1-x})_yP$

Dieses Materialsystem gewinnt für photonische Bauelemente im sichtbaren Spektralbereich zusehends an Bedeutung. Wählen wir $y \approx 0,5$, so ergibt sich Gitteranpassung an GaAs. Aufgrund der Konstanz der Gitterkonstante beim Austausch von Al- und Ga-Atomen kann x den gesamten Wertebereich $0 \leq x \leq 1$ durchlaufen. Die ternäre Verbindung InAlP gitterangepaßt an GaAs weist allerdings eine indirekte Bandstruktur auf. Der Übergang vom direkten zum indirekten Halbleiter erfolgt bei etwa $x = 0,66$, so daß nur der Wellenlängenbereich bis $\lambda_g = 540$ nm ($W_g = 2,3$ eV) für photonische Bauelemente genutzt werden kann.

5.3 II-VI-Verbindungshalbleiter

II-VI-Verbindungshalbleiter haben bisher nicht die starke Verbreitung der III-V-Halbleiter erreicht. Insbesondere für die optische Kommunikationstechnik mit Quarzglasfasern im Spektralbereich von 800 nm bis 1,55 μm haben sie bisher kaum Anwendung gefunden. In anderen Bereichen, nämlich vornehmlich für photonische Komponenten für das ferne Infrarot (z.B. Nachtsichtgeräte) und für optoelektronische Sendeelemente (Laser, LED) im sichtbaren bis ultravioletten Spektralbereich, sind sie bereits stark vertreten oder werden zukünftig erhebliche Bedeutung erlangen. Das Gitterkonstante-Bandabstands-Diagramm in Bild 5.20 gibt einen Überblick über wesentliche II-VI-Halbleitersysteme. Zwei wichtige Bereiche sollen kurz angesprochen werden.

HgCdTe

Das ternäre System HgCdTe wird von den beiden binären Verbindungen HgTe und CdTe aufgespannt. Während sich die Bandkante von CdTe mit $W_{g,\Gamma\Gamma} = 1,49$ eV entsprechend $\lambda_g = 832$ nm im nahen Infrarot befindet, weist HgTe einen sogar negativen Bandabstand von $W_{g,\Gamma\Gamma} = -0,14$ eV auf. Leitungsband und Valenzband überlappen sich also, so daß dieses binäre System den Halbmetallen zuzuordnen ist. Das ternäre System $Hg_{1-x}Cd_xTe$ ermöglicht damit das Wachstum von Halbleiterschichten mit einem maximalen Bandabstand von $W_{g,\Gamma\Gamma} = 1,49$ eV ($x = 1$) bis hinab zum Verschwinden der Energielücke bei etwa $x = 0,15$. Mit diesem technologisch allerdings sehr anspruchsvollen Materialsystem können daher optische Sende- und Empfangselemente für einen weiten Spektralbereich bis ins ferne Infrarot hergestellt werden.

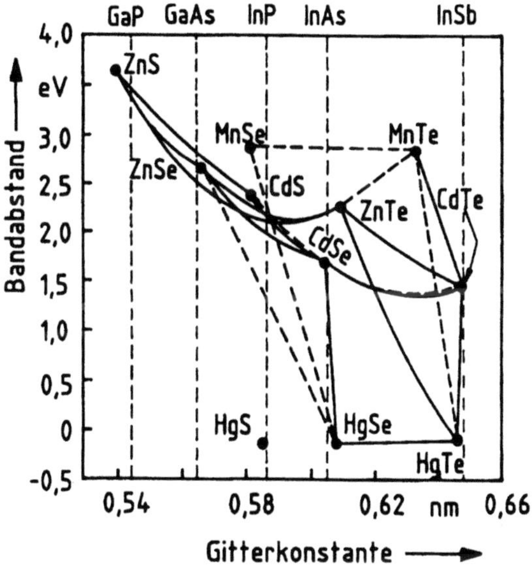

Bild 5.20: Gitterkonstante-Bandabstands-Diagramm für II-VI-Halbleiter [LEY 91, Kap. 5].

ZnCdSSe

Während beim HgCdTe der langwellige infrarote Spektralbereich im Vordergrund steht, erschließt das System ZnCdSSe den sichtbaren Spektralbereich bis hin zum nahen Ultraviolett. Ausgehend von den vier binären Eckverbindungen CdSe ($W_g = 1,7$ eV, $\lambda_g = 730$ nm), CdS ($W_g = 2,4$ eV, $\lambda_g = 520$ nm), ZnSe ($W_g = 2,7$ eV, $\lambda_g = 460$ nm) und ZnS ($W_g = 3,68$ eV, $\lambda_g = 340$ nm) steht prinzipiell ein sehr weiter Spektralbereich von 340 nm bis 730 nm zur Verfügung, der allerdings aufgrund des Mangels an geeigneten Substraten nur bedingt ausgeschöpft werden kann [MAD 92, Kap. 3]. Bauelemente für den blauen Spektralbereich werden sehr erfolgreich durch Epitaxie von ZnSe und angrenzenden ternären bzw. quaternären Legierungen auf GaAs-Substrat hergestellt.

6 Phononen

Den bisherigen Betrachtungen lag die Vorstellung auf ihren Gitterplätzen ruhender Atome bzw. Ionen zugrunde. Dies ist, streng betrachtet, nur für einen ungestörten Kristall bei $T = 0$ K gültig. Bereits die thermische Anregung verursacht Oszillationen der Gitteratome um ihre Ruhelage. Diese Gitterschwingungen werden als Phononen bezeichnet. Da sie wesentlich die dielektrischen Eigenschaften eines Kristalls bestimmen, sollen sie im folgenden ausführlicher untersucht werden.

Zur Vereinfachung der Betrachtungen wird ein primitives kubisches Gitter gewählt. Im Fall des ungestörten Gitters mit ruhenden Atomen heben sich die Bindungskräfte jedes Gitteratoms zu seinen sechs Nachbarn gerade auf. Wird hingegen ein Atom aus seiner Ruhelage ausgelenkt, so ergibt sich durch diese Störung der Bindungsverhältnisse eine Rückstellkraft, die allerdings im allgemeinen aufgrund der komplizierten Bindungspotentiale nichtlinear von der Auslenkung abhängt. Für schwache Störungen kann aber dennoch als Näherung zunächst ein lineares Weg-Kraft-Gesetz angenommen werden. Es sei aber bereits an dieser Stelle darauf hingewiesen, daß diese erste Näherung nicht in allen Fällen zur Beschreibung ausreicht: Sowohl bei der Diskussion der elektromechanischen Wechselwirkung in Kap. 10 als auch für das Verständnis der thermischen Ausdehnung und der Wärmeleitung (Kap. 12) ist die Berücksichtigung nichtlinearer Terme unumgänglich.

Weiter setzen wir voraus, daß nur benachbarte Atome in Wechselwirkung stehen, daß also eine Fernwirkung eines Atoms auf Gitteratome im Abstand mehrerer Gitterkonstanten vernachlässigt werden kann. Unter diesen vereinfachenden Annahmen kann der Kristall durch ein einfaches mechanisches Modell beschrieben werden, das in Bild 6.1 für ein zweidimensionales Gitter dargestellt ist: Die Atome werden durch Kugeln der Masse M beschrieben, die Rückstellkräfte mit linearem Weg-Kraft-Gesetz können durch masselose Federn repräsentiert werden.

Die Unzulänglichkeit dieses einfachsten Modells wird aber unmittelbar daraus ersichtlich, daß ein derartiger Kristall mechanisch instabil ist. Da Federn nur Zug- bzw. Druckkräfte, aber keine Momente übertragen können, kann das in Bild 6.1 gezeigte System keinen Scherbeanspruchungen widerstehen. Für diese Forderung müßten zusätzliche Federn entlang der Diagonalen der Elementarzellen vorgesehen werden. Da dies jedoch die Analyse erheblich erschwert, soll die Diskussion auf das einfachste Gittermodell beschränkt bleiben.

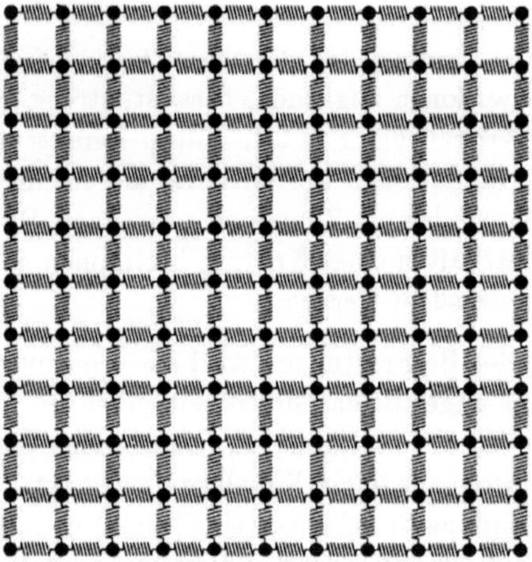

Bild 6.1: Feder-Masse-Modell einer Ebene des primitiven kubischen Gitters.

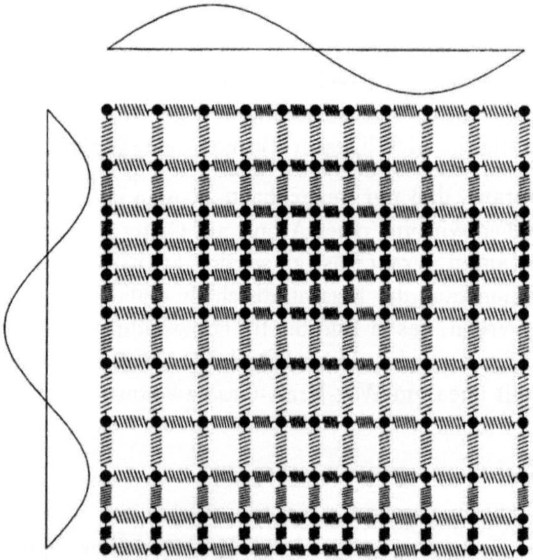

(a)

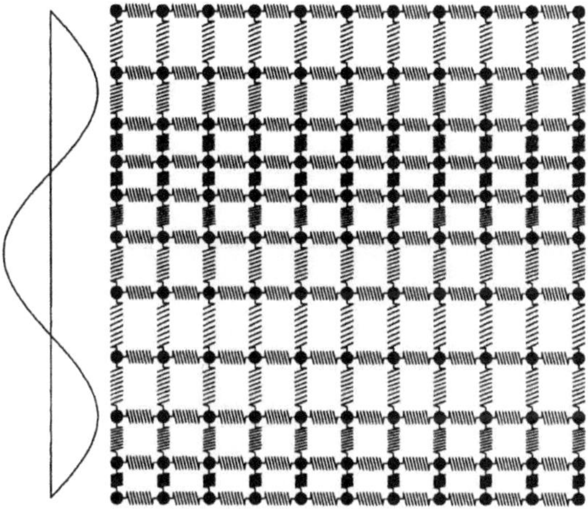

(b)

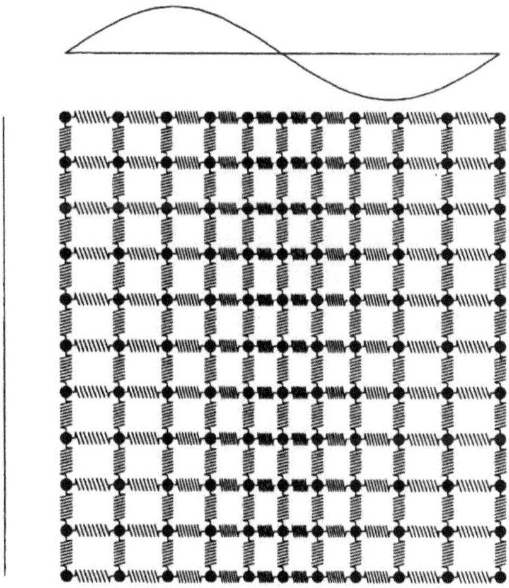

(c)

Bild 6.2: Schwingungszustand des zweidimensionalen Feder-Masse-Netzmodells (a) und Zerlegung in orthogonale ebene Wellenzüge (b und c).

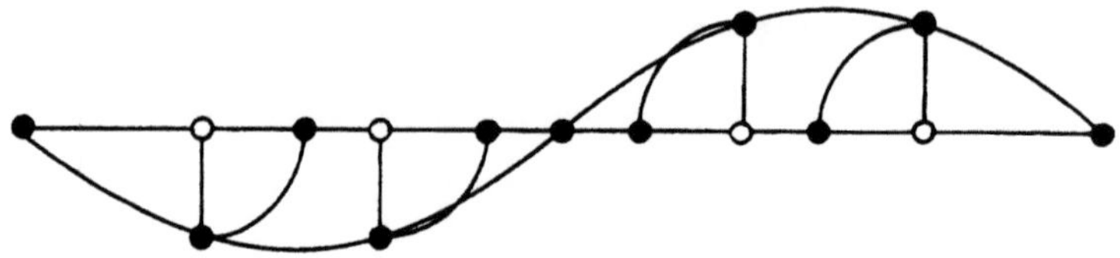

Bild 6.3: Transformation der transversalen in die longitudinale Auslenkung der Gitteratome.

Als Beispiel zeigt Bild 6.2a einen Schwingungszustand des Gitters im zweidimensionalen Netzmodell. Die longitudinale Auslenkung der Atome ist entlang der Kanten als transversaler Wellenzug dargestellt. Die Umwandlung der transversalen in eine longitudinale Auslenkung wird durch Bild 6.3 deutlich. Der Schwingungszustand nach Bild 6.2a wird durch Überlagerung ebener Wellen mit Wellenfronten parallel zu den Kanten gebildet. Bild 6.2b und 6.2c zeigen jeweils die einzelnen Schwingungszustände. Diese Zerlegung nach orthogonalen Wellen kann unmittelbar auf den dreidimensionalen Kristall erweitert werden.

Durch diese Aufspaltung in Schwingungen entlang der orthogonalen Kristallachsen wird die Analyse der Phononen wesentlich erleichtert. Bei dem horizontalen Schwingungszustand nach Bild 6.2b werden nämlich nur die horizontal verlaufenden Federn beansprucht, während die vertikalen in Ruhe sind. Entsprechend beansprucht der vertikale Schwingungszustand nur die vertikal orientierten Federn. Für die Untersuchung des jeweiligen Schwingungszustands muß daher nicht das gesamte Netz betachtet werden, sondern die Analyse kann sich auf jeweils eine Atom-Feder-Kette beschränken. Dieses einfache Modell wird daher im folgenden zugrunde gelegt.

Diese günstigen Verhältnisse sind allerdings nicht bei allen Kristallstrukturen gegeben. Z.B. können Schwingungen in Halbleiterkristallen aufgrund der tetraedischen Koordination des Diamant- bzw. Zinkblendegitters nicht in dieser einfachen Weise separiert werden. Dies bedingt schon einen erheblichen numerischen Mehraufwand, der überdies noch dadurch gesteigert wird, daß man für eine genaue quantitative Analyse außerdem auf die vereinfachenden Voraussetzungen einer Wechselwirkung nur zwischen unmittelbaren Nachbarn und linearer Weg-Kraft-Gesetze verzichten muß. Am Ende dieses Kapitels sind einige Ergebnisse aufwendiger numerischer Analysen für die besonders interessierenden Halbleiterkristalle zusammengestellt.

6.1 Moden in einem eindimensionalen monoatomaren Gitter

Betrachten wir die in Bild 6.4 dargestellte Kette gleichartiger Atome der Masse M, deren Ruhelage durch die Gittervektoren $\vec{R} = n\,\vec{a}$ (n ganzzahlig) eines eindimensionalen Gitters mit der Gitterkonstanten $a = |\vec{a}|$ beschrieben wird. Die von der Zeit abhängende Auslenkung des zum Gitterpunkt $n\vec{a}$ gehörenden Atoms soll mit $v_n = v_n(t)$ bezeichnet und in Richtung wachsender n positiv gewertet werden.

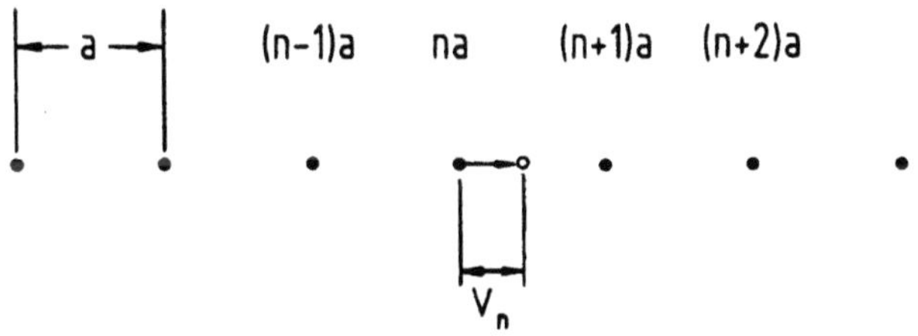

Bild 6.4: Eindimensionales monoatomares Gitter.

Als Näherung nehmen wir, wie bereits oben diskutiert, an, daß nur benachbarte Atome miteinander in Wechselwirkung stehen, so daß die Struktur durch ein einfaches mechanisches Modell mit der Kopplung benachbarter Atome durch massefreie Federn der Federkonstante C beschrieben werden kann (s. Bild 6.5). Die Bewegungsgleichung lautet daher

$$
\begin{aligned}
M\ddot{v}_n &= -C[v_n - v_{n-1}] + C[v_{n+1} - v_n] \\
&= -C[2v_n - v_{n-1} - v_{n+1}] \,.
\end{aligned}
\tag{6.1}
$$

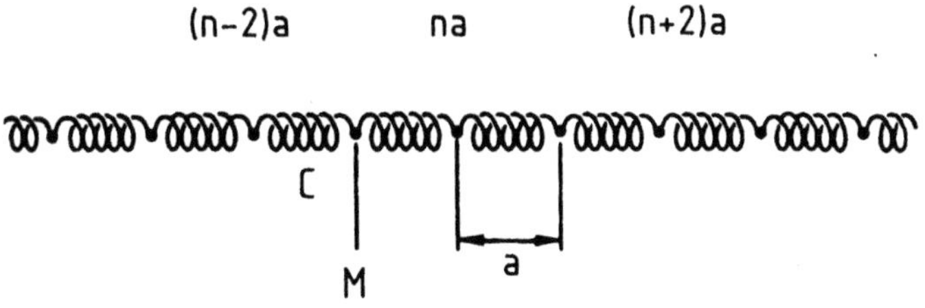

Bild 6.5: Feder-Masse-Modell zur Beschreibung der Wechselwirkung ausschließlich zwischen nächsten Nachbarn.

Wenn die Kette aus nur endlich vielen Atomen besteht, dann muß als Randbedingung das Verhalten der Atome an den beiden Enden festgelegt werden. Würden wir nur eine Wechselwirkung dieser Atome mit den inneren Nachbarn annehmen, so würde die Betrachtung durch diese beiden außergewöhnlichen Atome erheblich erschwert, ohne die Ergebnisse wesentlich zu beeinflussen. Für eine große Anzahl von Atomen bieten sich günstigere Randbedingungen, wenn das Verhalten der Abschlußatome nicht explizit von Interesse ist. Am weitesten verbreitet ist die periodische Randbedingung nach Born – von Karman: Wir verbinden einfach die beiden Abschlußatome durch eine zusätzliche Feder. Betrachten wir eine Kette aus N Elementen ($n = 1, \ldots, N$), so sieht also das Abschlußatom mit der Verrückung v_N einen weiteren virtuellen Partner $v_{N+1} = v_1$. Entsprechend gilt $v_0 = v_N$. Diese periodische Randbedingung kann, wie in Bild 6.6 dargestellt, durch ein ringförmiges Schließen der Kette oder besser durch einen masselosen, steifen Bügel mit einer zusätzlichen Feder veranschaulicht werden. Sie entspricht einer periodischen Fortsetzung des Kristalls.

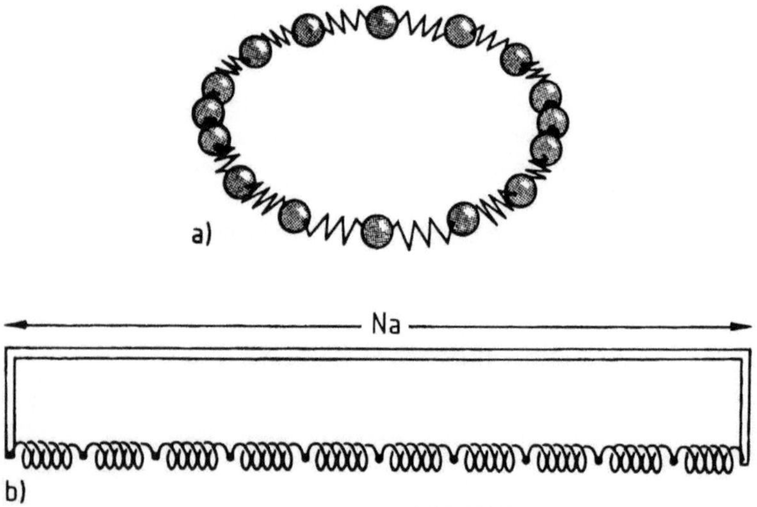

Bild 6.6: Darstellung der periodischen Randbedingung a) durch ringförmiges Schließen der Kette oder b) durch masselosen Bügel.

Unter den Lösungen von Gl. (6.1) interessieren in dem hier behandelten Zusammenhang nur die periodischen Lösungen. Wir können daher von dem Ansatz

$$v_n = \gamma_n e^{-j\omega t} \qquad (n = 1, \ldots, N) \tag{6.2}$$

mit noch zu bestimmenden komplexen Faktoren γ_n ausgehen. Einsetzen in Gl. (6.1) ergibt nach Kürzen durch $e^{-j\omega t}$

$$-M\omega^2\gamma_n = -C[2\gamma_n - \gamma_{n-1} - \gamma_{n+1}] \qquad (n = 1, \dots, N)$$

oder mit der Abkürzung $\beta = 2 - \frac{M}{C}\omega^2$ in Matrizenschreibweise

$$\begin{pmatrix} -\beta & 1 & 0 & \cdots & 0 & 1 \\ 1 & -\beta & 1 & 0 & \cdots & 0 \\ 0 & \ddots & \ddots & \ddots & \ddots & \vdots \\ \vdots & \ddots & \ddots & \ddots & \ddots & 0 \\ 0 & \cdots & 0 & 1 & -\beta & 1 \\ 1 & 0 & \cdots & 0 & 1 & -\beta \end{pmatrix} \begin{pmatrix} \gamma_1 \\ \gamma_2 \\ \vdots \\ \\ \gamma_{N-1} \\ \gamma_N \end{pmatrix} = \begin{pmatrix} 0 \\ 0 \\ \vdots \\ \\ 0 \\ 0 \end{pmatrix} . \qquad (6.3)$$

Dieses homogene lineare Gleichungssystem kann nur für solche Werte von β nicht-triviale Lösungen besitzen, für die die Determinante der Koeffizientenmatrix verschwindet. Zu diesen Eigenwerten kann es weiter höchstens N linear unabhängige Eigenvektoren geben. Wenn man also N linear unabhängige Lösungsvektoren von Gl. (6.3) mit zugehörigen β-Werten angeben kann, dann hat man alle periodischen Lösungen von Gl. (6.1) bestimmt. Durch Einsetzen überzeugt man sich unmittelbar davon, daß für $m = 0, \dots, N-1$ folgende Werte Lösungen ergeben:

$$\begin{aligned} \beta_m &= e^{j\frac{2\pi}{N}m} + e^{-j\frac{2\pi}{N}m} = 2\cos\left(\frac{2\pi}{N}m\right) , \\ \gamma_n^{(m)} &= e^{j\frac{2\pi}{N}mn} . \end{aligned} \qquad (6.4)$$

Als Eigenvektoren zu den verschiedenen Eigenwerten $\beta_0, \dots, \beta_{N-1}$ sind die angegebenen Lösungsvektoren auch tatsächlich linear unabhängig. Schließlich folgt noch für die den β-Werten entsprechenden ω-Werte

$$\begin{aligned} \omega_m^2 &= \frac{C}{M}(2 - \beta_m) = 2\frac{C}{M}\left(1 - \cos\left(\frac{2\pi}{N}m\right)\right) \\ &= 4\frac{C}{M}\sin^2\left(\frac{\pi}{N}m\right) , \end{aligned}$$

also

$$\omega_m = 2\sqrt{\frac{C}{M}}\sin\left(\frac{\pi}{N}m\right) \qquad (m = 0, \dots, N-1). \qquad (6.5)$$

Als allgemeine periodische Lösung von Gl. (6.1) erhält man somit wegen $\omega_0 = 0$ mit noch frei wählbaren komplexen Konstanten $\delta_0, \ldots, \delta_{N-1}$

$$v_n(t) = \delta_0 + \delta_1 e^{j(\frac{2\pi}{N}n - \omega_1 t)} + \ldots + \delta_{N-1} e^{j(\frac{2\pi}{N}(N-1)n - \omega_{N-1} t)} . \tag{6.6}$$

Aus dieser Darstellung folgt, daß sich für den Schwingungszustand aller Atome z.B. zum Zeitpunkt $t = 0$ die jeweilige Amplitude und Phase, nämlich die komplexen Zahlen $v_n(0)$, beliebig vorschreiben lassen. Gl. (6.6) ist dann ein lineares Gleichungssystem zur Berechnung von $\delta_0, \ldots, \delta_{N-1}$. Zweitens zeigt Gl. (6.6) aber auch, daß sich die Schwingungen der Atome durch Superposition von Wellen ergeben, die den Kristall entlanglaufen: Mit den Wellen

$$w_m(x,t) = \exp\left[j\left(\frac{2\pi}{Na}mx - \omega_m t\right)\right] \qquad (m = 0, \ldots, N-1) \tag{6.7}$$

gilt gerade

$$v_n(t) = \sum_{m=0}^{N-1} \delta_m w_m(na, t) \qquad (n = 1, \ldots, N) . \tag{6.8}$$

Zu der Wellenfunktion w_m gehört die Wellenzahl $k_m = \frac{2\pi}{Na}m$. In Gl. (6.5) kann man daher ω_m auch in Abhängigkeit von der Wellenzahl ausdrücken. Bei Verzicht auf den Index m erhält man so die Dispersionsrelation

$$\omega(k) = 2\sqrt{\frac{C}{M}} \sin\left(\frac{ka}{2}\right) \qquad \left(0 \le k \le \frac{2\pi}{a}\right) . \tag{6.9}$$

Für die Bestimmung der N unabhängigen Lösungen des linearen Gleichungssystems (Gl. (6.3)) wurde zur Vereinfachung der Darstellung willkürlich das Wellenzahlintervall $0 \le k \le \frac{2\pi}{a}$ gewählt. Eine äquivalente Lösungsmenge erhält man aber auch für jedes beliebige andere k-Intervall der Länge $\frac{2\pi}{a}$. Eine Beschränkung auf das Intervall $-\pi \le \varphi \le \pi$ für die Phase und damit auf das Wellenzahlenintervall $-\frac{\pi}{a} \le k \le \frac{\pi}{a}$, das als „erste Brillouin-Zone“ bezeichnet wird, führt mit Gl. (6.5) bei Betrachtung ausschließlich positiver Frequenzen ω auf die Dispersionsrelation

$$\omega(k) = 2\sqrt{\frac{C}{M}} \left|\sin\left(\frac{ka}{2}\right)\right| \qquad \left(-\frac{\pi}{a} \le k \le \frac{\pi}{a}\right) . \tag{6.10}$$

Sie beschreibt Wellen, die mit der Phasengeschwindigkeit $v_p = \omega/k$ und der Gruppengeschwindigkeit $v_g = \partial\omega/\partial k$ die Kette entlanglaufen. Die Frequenz

ω in Abhängigkeit von der Wellenzahl k ist in Bild 6.7 dargestellt. Für kleine Werte von k bezüglich π/a, d.h. große Wellenlängen verglichen mit der Gitterkonstante a, wächst ω linear mit k ($\sin x \approx x$):

$$\omega \approx a\sqrt{\frac{C}{M}}|k|\,. \tag{6.11}$$

Dieses Verhalten sind wir von gewöhnlichen Licht- und Schallwellen gewohnt. Phasen- und Gruppengeschwindigkeit sind in diesem Fall gleich und frequenzunabhängig.

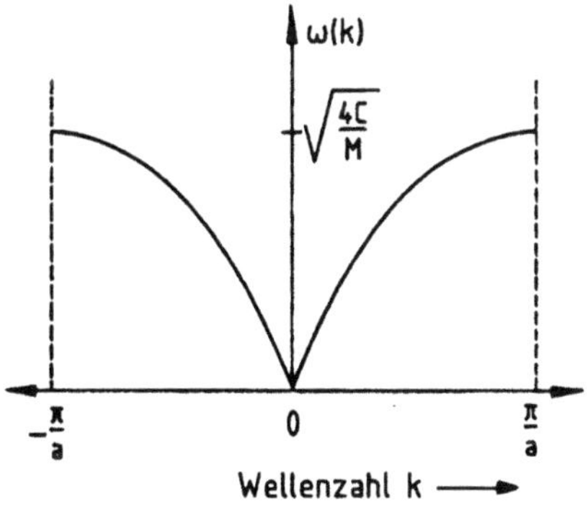

Bild 6.7: Dispersionsrelation $\omega(k)$ des eindimensionalen monoatomaren Gitters.

Eine charakteristische Eigenschaft von Wellen in „diskreten" Medien ist jedoch, daß diese Linearität nur für große Wellenlängen gegeben ist. Mit wachsendem k bleibt ω unter dem linearen Fall $v_p k$ zurück und verläuft flach, wenn k gegen $\pm\frac{\pi}{a}$ geht. Die Gruppengeschwindigkeit $v_g = \partial\omega/\partial k$ wird hier Null. Geben wir die Näherung einer Wechselwirkung nur zwischen nächsten Nachbarn auf, so wird die Rechnung erheblich aufwendiger, an den Ergebnissen ändert sich aber im wesentlichen nichts.

6.2 Moden in einem eindimensionalen biatomaren Gitter

Wir betrachten nun ein eindimensionales Gitter mit zwei Ionen pro Elementarzelle. Die Gleichgewichtspositionen seien wiederum na und für das zusätzliche Ion $na + d$. Beiden Ionen weisen wir vereinfachend die gleiche Masse M zu; der Abstand d soll jedoch wesentlich kleiner als $a/2$ sein.

Das zweite, zusätzliche Ion einer Elementarzelle ist also stark an das erste Ion gebunden. Nehmen wir wieder nur eine Wechselwirkung zwischen nächsten Nachbarn an, so können wir die unterschiedliche Stärke der Bindungen durch verschiedene Federsteifigkeiten berücksichtigen: Zusammengehörige Ionen (Abstand d) sind mit der Federsteifigkeit C, weiter getrennte Ionen (Abstand $a - d$) mit $G < C$ verkoppelt. Die zugehörige Federkette ist in Bild 6.8 dargestellt.

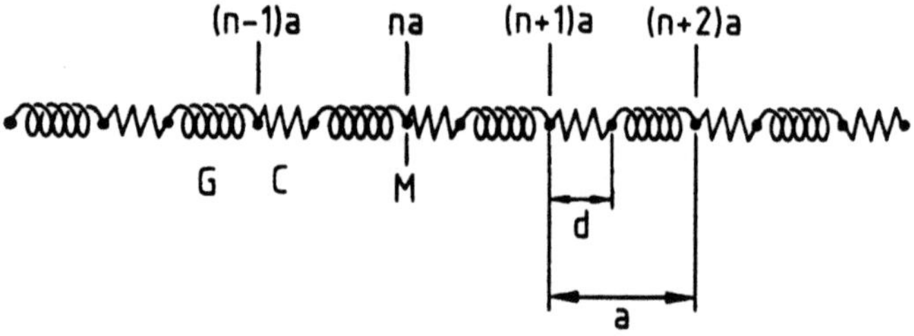

Bild 6.8: Feder-Masse-Modell des eindimensionalen biatomaren Gitters.

v_n ist die Verschiebung des Ions, das um die Ruhelage na oszilliert, v_n^* entsprechend die Verschiebung des Ions um die Ruhelage $na + d$. Damit ergeben sich die Bewegungsgleichungen

$$\begin{aligned} M\ddot{v}_n &= -C\left(v_n - v_n^*\right) - G\left(v_n - v_{n-1}^*\right) , \\ M\ddot{v}_n^* &= -C\left(v_n^* - v_n\right) - G\left(v_n^* - v_{n+1}\right) . \end{aligned} \tag{6.12}$$

Wieder werden nur je N Ionen der beiden Sorten betrachtet, und die Struktur wird wie vorher periodisch fortgesetzt. Eine Lösung besteht also aus $2N$ Funktionen $v_1, \ldots, v_N, v_1^*, \ldots, v_N^*$ der Zeit. Auch hier interessieren nur periodische Lösungen, und entsprechende Überlegungen zeigen, daß es höchstens $2N$ linear unabhängige Lösungssysteme geben kann. Diese können wieder explizit angegeben werden; und zwar soll dies durch Angabe von Wellenfunktionen $w_0, \ldots, w_{N-1}$ geschehen. Da außerdem noch ein Parameter ε_m^* auftritt, für den zwei mögliche Werte bestimmt werden, hat man es dann insgesamt mit $2N$ Lösungssystemen zu tun. Es sei

$$w_m(x,t) = \exp\left[j\left(\frac{2\pi}{Na}mx - \omega_m t\right)\right] , \tag{6.13}$$

und

$$\begin{aligned} v_{n,m}(t) &= \varepsilon_m w_m(na,t) , \\ v^*_{n,m}(t) &= \varepsilon^*_m w_m(na+d,t) \qquad (m=0,\ldots,N-1;\ n=1,\ldots,N) . \end{aligned} \tag{6.14}$$

Einsetzen in Gl. (6.12) ergibt nach Kürzen durch den gemeinsamen Faktor $\exp\left[\frac{2\pi}{N}mn - \omega_m t\right]$ die von n unabhängigen Bedingungen

$$\begin{aligned} -M\varepsilon_m\omega_m^2 &= -C\left(\varepsilon_m - \varepsilon^*_m e^{j\frac{2\pi}{Na}md}\right) \\ &\quad - G\left(\varepsilon_m - \varepsilon^*_m e^{-j\frac{2\pi}{Na}m(a-d)}\right) , \\ -M\varepsilon^*_m e^{j\frac{2\pi}{Na}nd}\omega_m^2 &= -C\left(\varepsilon^*_m e^{j\frac{2\pi}{Na}md} - \varepsilon_m\right) \\ &\quad - G\left(\varepsilon^*_m e^{j\frac{2\pi}{Na}md} - \varepsilon_m e^{j\frac{2\pi}{N}m}\right) . \end{aligned} \tag{6.15}$$

Nach entsprechender Umordnung führt dies auf ein homogenes lineares Gleichungssystem für $\varepsilon_m, \varepsilon^*_m$:

$$\begin{aligned} \left(M\omega_m^2 - C - G\right)\varepsilon_m + \left(C + Ge^{-j\frac{2\pi}{N}m}\right)e^{j\frac{2\pi}{Na}md}\varepsilon^*_m &= 0 , \\ \left(C + Ge^{j\frac{2\pi}{N}m}\right)\varepsilon_m + \left(M\omega_m^2 - C - G\right)e^{j\frac{2\pi}{Na}md}\varepsilon^*_m &= 0 . \end{aligned} \tag{6.16}$$

Gleichwertig mit der Existenz nicht-trivialer Lösungen ist das Verschwinden der Koeffizientendeterminante, also nach Kürzung des Faktors $\exp\left[j\frac{2\pi}{Na}md\right]$

$$\left(M\omega_m^2 - C - G\right)^2 = \left(C + Ge^{-j\frac{2\pi}{N}m}\right)\left(C + Ge^{j\frac{2\pi}{N}m}\right) , \tag{6.17}$$

woraus sich

$$\omega_m^2 = \frac{1}{M}\left(C + G \pm \sqrt{C^2 + G^2 + 2CG\cos\left(\frac{2\pi}{N}m\right)}\right) \tag{6.18}$$

als Bestimmungsgleichung für ω_m ergibt. Aus Gl. (6.16) folgt dann mit Hilfe von Gl. (6.17)

$$\begin{aligned}\alpha_m &= \frac{\varepsilon_m^*}{\varepsilon_m} = \frac{\mp\sqrt{(C+Ge^{-j\frac{2\pi}{N}m})(C+Ge^{j\frac{2\pi}{N}m})}}{(C+Ge^{-j\frac{2\pi}{N}m})e^{j\frac{2\pi}{Na}md}} \\ &= \mp\sqrt{\frac{Ce^{-j\frac{2\pi}{Na}md}+Ge^{j\frac{2\pi}{Na}m(a-d)}}{(Ce^{j\frac{2\pi}{Na}md}+Ge^{-j\frac{2\pi}{Na}m(a-d)}}}\,.\end{aligned} \tag{6.19}$$

Dabei entspricht das Vorzeichen bei der Quadratwurzel der Vorzeichenwahl in Gl. (6.18). Da der Nenner des Radikanden gerade die zum Zähler konjugierte Zahl ist, gilt $|\alpha_m| = 1$, also $\alpha_m = e^{j\varphi_m}$, wobei φ_m die entsprechende Phasenverschiebung im Schwingungsverhalten der beiden Ionentypen ist. Bezeichnet man noch mit $\omega_m^{(1)}$, $\alpha_m^{(1)}$ die zum oberen Vorzeichen gehörenden Werte und entsprechend mit $\omega_m^{(2)}$, $\alpha_m^{(2)}$ die Werte zum unteren Vorzeichen, so lautet die allgemeine Lösung

$$\begin{aligned}v_n(t) &= \sum_{m=0}^{N-1}\left(\varepsilon_m^{(1)}e^{j(\frac{2\pi}{Na}mna-\omega_m^{(1)}t)}+\varepsilon_m^{(2)}e^{j(\frac{2\pi}{Na}mna-\omega_m^{(2)}t)}\right), \\ v_n^*(t) &= \sum_{m=0}^{N-1}\left(\varepsilon_m^{(1)}\alpha_m^{(1)}e^{j(\frac{2\pi}{Na}m(na+d)-\omega_m^{(1)}t)}+\varepsilon_m^{(2)}\alpha_m^{(2)}e^{j(\frac{2\pi}{Na}m(na+d)-\omega_m^{(2)}t)}\right).\end{aligned} \tag{6.20}$$

Dabei können dann wieder die frei wählbaren Koeffizienten $\varepsilon_m^{(1)}$, $\varepsilon_m^{(2)}$ zur Anpassung der Anfangsamplituden und Anfangsphasen benutzt werden. Bei Benutzung der Wellenzahl $k_m = \frac{2\pi}{Na}m$ kann mit Hilfe von Gl. (6.18) die Kreisfrequenz als Funktion der Wellenzahl angegeben werden. Man erhält so die Dispersionsrelation

$$\omega(k) = \left[\frac{1}{M}\left(C+G\pm\sqrt{C^2+G^2+2CG\cos(ka)}\right)\right]^{1/2}, \tag{6.21}$$

wobei wieder das Wellenzahlintervall $-\frac{\pi}{a} \le k \le \frac{\pi}{a}$ betrachtet wird.

Zu jedem k ergeben sich nun zwei Lösungen für ω. Wir erhalten also zwei getrennte Kurven der Dispersionsrelation, wie sie in Bild 6.9 dargestellt sind.

Der untere Zweig (neg. Vorzeichen in Gl. (6.21)) entspricht der monoatomaren Gitterkette aus Gl. (6.1): $\omega(k = 0) = 0$ und ein zunächst linearer Anstieg mit k. An den Rändern der Brillouin-Zone verläuft $\omega(k)$ wiederum flach. Dieser Verlauf wird als akustischer Zweig bezeichnet, da die Dispersionsrelation für kleine k mit $\omega = v_p k$ der Charakteristik der Schallwellen entspricht. Im Grenzfall sehr großer Wellenlängen ($k \rightarrow 0$) ist die Bewegung aller Elementarzellen identisch. Bei akustischen Phononen schwingen alle Atome in Phase, werden also in die gleiche Richtung ausgelenkt.

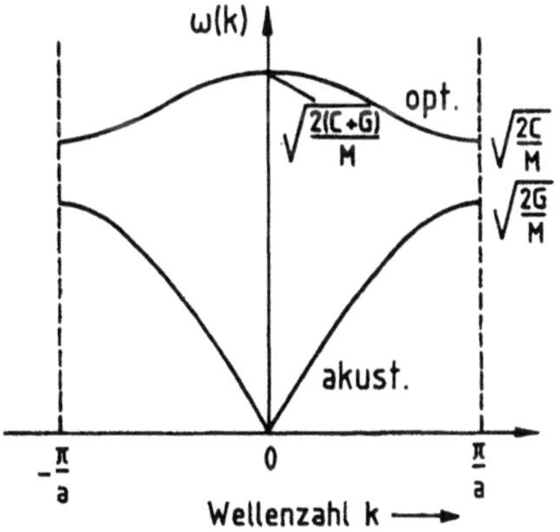

Bild 6.9: Dispersionsrelation $\omega(k)$ des eindimensionalen biatomaren Gitters.

Der zweite, zusätzliche Zweig beginnt für $k = 0$ bei $\omega = \sqrt{2(C+G)/M}$ und sinkt dann mit wachsendem k bis auf $\sqrt{2C/M}$ ab. Dieser Teil wird als optischer Zweig bezeichnet, da Phononen des langwelligen Bereichs dieser Kurve mit elektromagnetischer Strahlung wechselwirken können und daher wesentlich die optischen Eigenschaften von Ionenkristallen bestimmen. Hier ergibt sich im Grenzfall großer Wellenlängen ($k \rightarrow 0$) wieder ein identisches Verhalten aller Elementarzellen. Die Atome schwingen jetzt jedoch gegenphasig. Bei einem Ionenkristall werden also jeweils alle Ionen eines Vorzeichens in die gleiche Richtung ausgelenkt.

6.3 Dispersionsrelationen von Halbleitern

Nachdem in den vorigen Abschnitten das prinzipielle Verhalten von Gitterschwingungen am Beispiel eines kubischen Kristalls studiert wurde, sollen zum Abschluß einige Dispersionsrelationen von Halbleitern zusammengestellt werden.

Wie bereits eingangs erläutert, ergeben sich aufgrund der tetraedischen Koordination des Diamant- bzw. Zinkblendegitters wesentlich ungünstigere Verhältnisse, so daß die Dispersionsrelationen für die verschiedenen Kristallrichtungen getrennt ermittelt werden müssen. Wie bei der biatomaren Atomkette sind natürlich auch hier akustische und optische Zweige zu erwarten. Während die Diskussion der Feder-Masse-Ketten auf longitudinale Gitterschwingungen begrenzt blieb, können aber zusätzlich noch transversale Schwingungszustände mit einer Auslenkung der Atome orthogonal zum Wellenvektor $\vec{k}$ auftreten. Insgesamt ergeben sich also vier Typen von Gitterschwingungen: Phononen mit gleichphasiger Auslenkung der Atome (akustisch) in longitudinaler (LA-Phonon) und transversaler Richtung (TA-Phonon) und Phononen mit gegenphasiger Auslenkung der Atome (optisch) ebenfalls in longitudinaler (LO-Phonon) und transversaler Richtung (TO-Phonon). Einige Ergebnisse dieser sehr aufwendigen Berechnungen sind in den Bildern 6.10 und 6.11 für Element-bzw. Verbindungshalbleiter zusammengestellt [BIL 79].

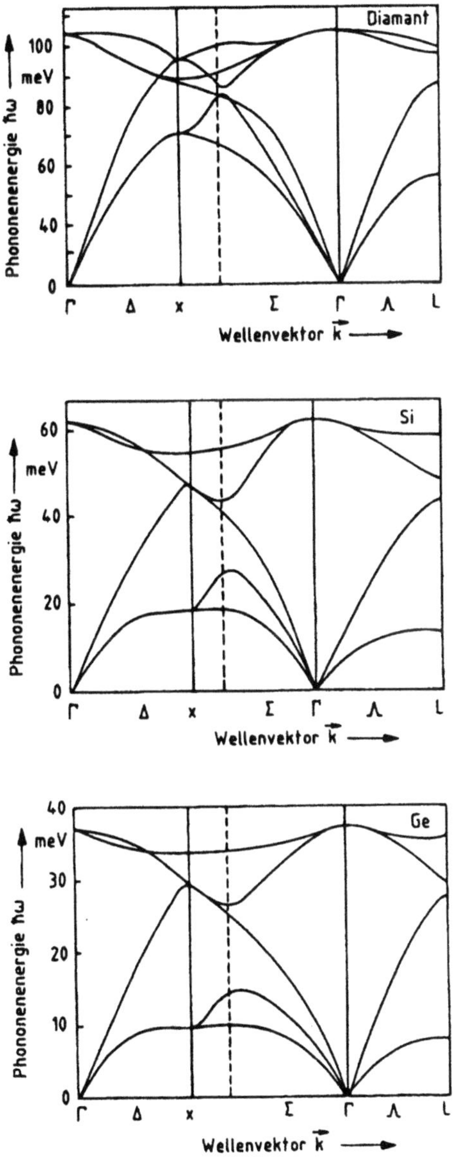

Bild 6.10: Dispersionsrelationen der Elementhalbleiter Diamant, Si und Ge.

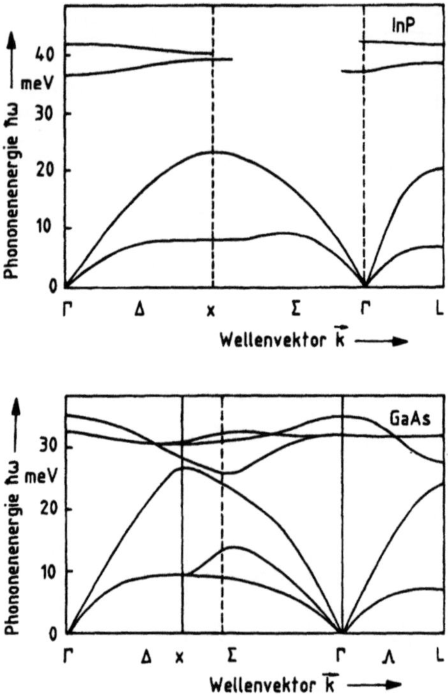

Bild 6.11: Dispersionsrelationen der III-V-Verbindungshalbleiter GaAs und InP.

7 Dielektrische Eigenschaften von Isolatoren

In den ersten Abschnitten wurde der Aufbau der Werkstoffe und dabei insbesondere die Charakterisierung einkristalliner Materialien behandelt. Die Betrachtung der Phononen deutete bereits an, daß Kristalle durch elektromagnetische Wellen bzw. auch durch statische Felder beeinflußt werden können. Da in dielektrischen Materialien keine freien Ladungsträger zur Verfügung stehen, die durch Oberflächenladungen innere Felder kompensieren können, wird das äußere elektrische Feld auch in den inneren Bereich vordringen und mit den Atomen bzw. den Ionen des Dielektrikums in Wechselwirkung treten. Hierdurch werden nicht nur die elektrostatischen Eigenschaften und das Hochfrequenzverhalten, sondern auch die optischen Eigenschaften bestimmt, die ja speziell nur die Wechselwirkung mit sehr hochfrequenten elektromagnetischen Wellen beschreiben.

7.1 Dielektrika im makroskopischen Bild

Im makroskopischen Bild werden diese dielektrischen Eigenschaften von Isolatoren durch eine komplexe Dielektrizitätskonstante $\underline{\varepsilon}$ beschrieben:

$$\underline{\varepsilon} = \varepsilon_0 \underline{\varepsilon}_r = \varepsilon_0(\varepsilon_r' - j\varepsilon_r'') , \tag{7.1}$$

mit der Dielektrizitätskonstante des Vakuums $\varepsilon_0 = 8{,}85419 \cdot 10^{-12}$ $\mathrm{As(Vm)^{-1}}$. Die relative Dielektrizitätskonstante $\underline{\varepsilon}_r$ bezeichnet die zusätzliche dielektrische Verschiebung, die durch die Polarisation des Mediums in einem elektrischen Feld $\vec{E}$ hervorgerufen wird:

$$\vec{D} = \varepsilon_0 \underline{\varepsilon}_r \vec{E} . \tag{7.2}$$

Der Imaginärteil ε_r'' berücksichtigt mögliche Verluste, die während der Umpolarisierung auftreten können.

Betrachten wir z.B. einen Plattenkondensator der Kapazität

$$C_0 = \varepsilon_0 \frac{A}{d} \tag{7.3}$$

mit der Plattenfläche A und dem Plattenabstand d , so weist dieses Bauelement eine Impedanz

$$\underline{Z}_0 = \frac{1}{j\omega C_0} \tag{7.4}$$

auf. Es handelt sich also um einen reinen Blindwiderstand. Füllen wir nun den Zwischenraum zwischen den Platten mit einem verlustbehafteten Dielektrikum der Dielektrizitätszahl $\underline{\varepsilon}_r = \varepsilon_r' - j\varepsilon_r''$, so ergibt sich die komplexe Kapazität

$$\underline{C} = \varepsilon_0(\varepsilon_r' - j\varepsilon_r'')\frac{A}{d}\,, \tag{7.5}$$

und damit die Impedanz

$$\begin{aligned} \underline{Z} &= \frac{1}{j\omega\varepsilon_0\,(\varepsilon_r' - j\varepsilon_r'')\,\dfrac{A}{d}} \\ &= \frac{1}{j\omega\varepsilon_0\varepsilon_r'\dfrac{A}{d} + \omega\varepsilon_0\varepsilon_r''\dfrac{A}{d}}\,. \end{aligned} \tag{7.6}$$

Der erste Summand des Nenners entspricht dem Blindwiderstand der um den Faktor ε_r' erhöhten Kapazität C_0. Der zweite, reelle Term ist ein Wirkwiderstand, der die Verluste berücksichtigt. Beschreiben wir diesen Verlustwiderstand unter Einbeziehung der Probengeometrie durch

$$R = \frac{d}{\sigma A}\,, \tag{7.7}$$

so gilt für die Parallelschaltung

$$\begin{aligned} \underline{Z} &= \frac{1}{j\omega\varepsilon_r' C_0 + \dfrac{1}{R}} \\ &= \frac{1}{j\omega\varepsilon_0\varepsilon_r'\dfrac{A}{d} + \sigma\dfrac{A}{d}}\,. \end{aligned} \tag{7.8}$$

Der Vergleich mit Gl. (7.6) zeigt, daß der Verlustfaktor ε_r'' einer Leitfähigkeit

$$\sigma = \omega\varepsilon_0\varepsilon_r'' \tag{7.9}$$

entspricht. Bemerkenswert ist, daß dieser Term bei $\omega = 0$ verschwindet. Es handelt sich also nicht um eine Gleichstrom-Leitfähigkeit. Für technische Anwendungen werden Dielektrika häufig durch einen Verlustwinkel δ gemäß

$$\tan\delta = \frac{\varepsilon_r''}{\varepsilon_r'} = \left(\frac{\text{Wirkstrom durch Verlustwiderstand}}{\text{Strom durch Blindwiderstand}}\right) \tag{7.10}$$

beschrieben.

Im optischen Spektralbereich ist es üblicher, ein Medium durch seinen Brechungsindex n als durch seine Dielektrizitätskonstante $\varepsilon_0\varepsilon_r'$ zu beschreiben. Der Brechungsindex ist definiert als das Verhältnis der Vakuumlichtgeschwindigkeit $c = 2,997925 \cdot 10^8$ m/s zur Lichtgeschwindigkeit v_m im Medium:

$$n = \frac{c}{v_m} = \frac{c \cdot f}{v_m \cdot f} = \frac{\lambda_v}{\lambda_m} . \tag{7.11}$$

Weist das Medium zusätzlich eine Dämpfung auf, so kann dies in einem komplexen Brechungsindex

$$\underline{n} = n - j\kappa \tag{7.12}$$

berücksichtigt werden. Für den elektrischen Feldvektor im Medium gilt folglich

$$\begin{aligned} \vec{E} &= \hat{\vec{E}} \cdot \exp\left[j\left(\omega t - \frac{2\pi}{\lambda_v}\underline{n}x\right)\right] \\ &= \hat{\vec{E}} \cdot \exp\left[j\left(\omega t - \frac{2\pi}{\lambda_v}nx + j\frac{2\pi}{\lambda_v}\kappa x\right)\right] \\ &= \hat{\vec{E}} \cdot \exp\left[j\left(\omega t - \frac{2\pi}{\lambda_v}nx\right)\right] \cdot \exp\left[-\frac{2\pi}{\lambda_v}\kappa x\right] . \end{aligned} \tag{7.13}$$

Die Amplitude der Feldstärke klingt also exponentiell mit $\exp(-\frac{2\pi}{\lambda_v}\kappa x)$ ab. Da die Intensität I der elektromagnetischen Welle proportional zu $|\vec{E}|^2$ ist, folgt daher für den phänomenologischen Absorptionskoeffizienten α der Intensität

$$\alpha = \frac{4\pi}{\lambda_v}\kappa . \tag{7.14}$$

Wie aus der Theorie elektromagnetischer Wellen bekannt ist, ergibt sich die Phasengeschwindigkeit einer elektromagnetischen Welle für $\mu_r = 1$ zu

$$v_p = \frac{1}{\sqrt{\mu_0\varepsilon}} = \frac{1}{\sqrt{\mu_0\varepsilon_0}\sqrt{\varepsilon_r'}} = \frac{c}{\sqrt{\varepsilon_r'}} . \tag{7.15}$$

Mit Gl. (7.11) folgt daher der wichtige Zusammenhang

$$n = \sqrt{\varepsilon_r'} , \tag{7.16}$$

bzw. im komplexen Fall

$$\underline{n} = \sqrt{\underline{\varepsilon}_r} . \tag{7.17}$$

Allgemein gilt gemäß Gl. (7.16)

$$(n - j\kappa)^2 = n^2 - \kappa^2 - j2n\kappa = \varepsilon_r' - j\varepsilon_r'' , \tag{7.18}$$

und damit

$$\varepsilon_r' = n^2 - \kappa^2 , \tag{7.19}$$

$$\varepsilon_r'' = 2n\kappa . \tag{7.20}$$

7.2 Dielektrika im atomaren Bild

Wir haben bisher die dielektrischen Eigenschaften phänomenologisch in einer makroskopischen Dielektrizitätskonstante $\underline{\varepsilon}$ bzw. Brechzahl $\underline{n}$ zusammengefaßt. Unser weiteres Ziel muß nun sein, die atomaren Vorgänge, die die dielektrischen Eigenschaften bestimmen, zu beschreiben. Um den Beitrag eines dielektrischen Mediums zur dielektrischen Verschiebung noch einmal genauer zu betrachten, wählen wir wieder das Beispiel eines Plattenkondensators. Ohne dielektrische Füllung ist die Vakuumkapazität

$$C_0 = \varepsilon_0 \frac{A}{d} . \tag{7.3}$$

Für die elektrische Feldstärke $\vec{E}$ zwischen den Platten bei einer Gleichspannung U gilt

$$|\vec{E}| = \frac{U}{d} \tag{7.21}$$

und für die Gesamtladung

$$Q_0 = C_0 \cdot U . \tag{7.22}$$

Fügen wir nun ein verlustfreies Dielektrikum mit $\underline{\varepsilon}_r = \varepsilon_r' > 1$ zwischen den Platten ein, wächst die Kapazität auf

$$C = \varepsilon_r' \cdot C_0 = \varepsilon_0 \varepsilon_r' \frac{A}{d} , \tag{7.23}$$

und damit die Ladung bei unveränderter äußerer Spannung U auf

$$Q = C \cdot U \tag{7.24}$$

an. Dieser Ladungszuwachs ist in der Polarisation des Dielektrikums begründet: Im elektrischen Feld des Kondensators werden die einzelnen Moleküle polarisiert bzw. Gitterionen verschoben, so daß die Schwerpunkte positiver und negativer Ladung nicht mehr zusammenfallen. Dieser vom elektrischen Feld des Plattenkondensators angeregte Dipolcharakter des Dielektrikums erzwingt zur Kompensation eine Zunahme der Gesamtladung der Kondensatorplatten. Die Polarisation $\vec{P}$ des Mediums ergibt sich nun über diese Ladungszunahme ΔQ pro Flächeneinheit

$$\begin{aligned} |\vec{P}| &= \frac{\Delta Q}{A} = \frac{Q - Q_0}{A} = \frac{C - C_0}{A} U \\ &= \varepsilon_0(\varepsilon_r' - 1)\frac{U}{d} . \end{aligned} \tag{7.25}$$

Allgemeiner definieren wir bei Berücksichtigung der Absorption

$$\vec{P} = \varepsilon_0(\underline{\varepsilon}_r - 1)\vec{E} . \tag{7.26}$$

Der Term

$$\underline{\chi} = \underline{\varepsilon}_r - 1 \tag{7.27}$$

wird als elektrische Suszeptibilität bezeichnet. Für die dielektrische Verschiebung $\vec{D}$ (s. Gl. (7.2)) ergibt sich

$$\begin{aligned} \vec{D} &= \varepsilon_0\underline{\varepsilon}_r\vec{E} = \varepsilon_0\vec{E} + (\varepsilon_0\underline{\varepsilon}_r - \varepsilon_0)\vec{E} \\ &= \varepsilon_0\vec{E} + \vec{P} . \end{aligned} \tag{7.28}$$

Alle bisher betrachteten Größen wie die Dielektrizitätskonstante $\underline{\varepsilon}_r$ die elektrische Suszeptibilität $\underline{\chi}$ und auch die dielektrische Verschiebung $\vec{D}$ und die Polarisation $\vec{P}$ sind auf die äußere makroskopische Feldstärke $\vec{E}$ bezogen. Die Polarisation $\vec{P}$ gestattet nun aber unmittelbar einen Übergang zum atomaren Bild.

Wird ein einzelnes Atom einem elektrischen Feld $\vec{E}$ ausgesetzt, so werden der positive Ladungsschwerpunkt (Atomkern) und der negative Ladungsschwerpunkt (Zentrum der Elektronenwolke) gegeneinander verschoben, so daß ein elektrischer Dipol entsteht. Im einfachsten Fall ist das Dipolmoment $\vec{p}$ proportional zur anregenden Feldstärke $\vec{E}$:

$$\vec{p} = \underline{\alpha} \cdot \vec{E} . \tag{7.29}$$

Der Proportionalitätsfaktor $\underline{\alpha}$ wird als Polarisierbarkeit bezeichnet.

Betrachten wir nun ein Dielektrikum anstelle eines Einzelatoms, so sind pro Volumeneinheit eng benachbart N Atome dem elektrischen Feld ausgesetzt. Da jedes Atom polarisiert wird und damit seinerseits ein Dipolfeld erzeugt, herrscht am Ort eines willkürlich herausgeriffenen Atoms nun nicht mehr die makroskopische Feldstärke $\vec{E}$, sondern ein durch Überlagerung des makroskopischen Feldes $\vec{E}$ mit allen Dipolfeldern bestimmtes lokales mikroskopisches Feld $\vec{E}_{lok}$. Für das Dipolmoment folgt daher

$$\vec{p} = \underline{\alpha} \cdot \vec{E}_{lok} , \tag{7.30}$$

und für die gesamte Polarisation bei homogener Verteilung der Dipole

$$\vec{P} = N \cdot \vec{p} = N \cdot \underline{\alpha} \cdot \vec{E}_{lok} . \tag{7.31}$$

Für die Bestimmung der makroskopischen Dielektrizitätskonstante aus den atomaren Daten mit Hilfe von Gl. (7.28) und Gl. (7.31) sind daher zwei Teilaufgaben zu lösen: Zum einen muß aus dem makroskopischen Feld $\vec{E}$ die lokale Feldstärke $\vec{E}_{lok}$ im Dielektrikum unter Berücksichtigung der Dipolfelder bestimmt werden. Wegen des Beitrags der Dipole ist für $\vec{E}_{lok}$ kein konstanter Wert, sondern zwischen den Dipolen eine Ortsabhängigkeit zu erwarten. Zum anderen muß aus den atomaren Daten die Polarisierbarkeit $\underline{\alpha}$ gewonnen werden. Wir haben hierfür bisher nur die Deformation der Elektronenwolke (atomare Polarisierbarkeit $\underline{\alpha}_a$) erwähnt. Weitere Beiträge liefern aber die Verschiebung von Ionen z.B. in polaren Kristallen (Verschiebungspolarisation $\underline{\alpha}_{d(isplacement)}$) und die Ausrichtung permanenter Dipole (Orientierungspolarisation $\underline{\alpha}_o$), so daß für die gesamte Polarisierbarkeit

$$\underline{\alpha} = \underline{\alpha}_a + \underline{\alpha}_d + \underline{\alpha}_o \tag{7.32}$$

gilt.

7.2.1 Lokales elektrisches Feld

Wie bereits im vorigen Abschnitt ausführlich erläutert, herrschen am Ort eines Gitteratoms nicht nur das makroskopische äußere Feld $\vec{E}$, sondern zusätzlich die Dipolfelder aller Atome bzw. Ionenpaare, die allerdings in einem Kristall mit primitiver Elementarzelle alle gleich stark sind. Die Summation über die Felder der auf den Gitterplätzen angeordneten Dipole stößt jedoch auf erhebliche Schwierigkeiten. Daher bedient man sich eines einfachen Modells: Zur Berechnung des lokalen Feldes $\vec{E}_{lok}$ an der Stelle eines beliebigen Gitteratoms oder Ladungsschwerpunkts wird eine Kugel vom Radius a um den betreffenden Gitterpunkt gelegt. Hierbei wird kubische Symmetrie zugrunde gelegt, die aber, wie in Kap. 2.3 erläutert, bei Ionenkristallen (Isolatoren) in der Regel gegeben ist. Der Radius a wird so gewählt, daß das Kugelvolumen dem Raumanteil eines Atoms entspricht. Beträgt die Dichte der Atome N, so muß

$$\frac{4\pi}{3}a^3 \cdot N = 1 \tag{7.33}$$

gelten. Das Verfahren verzichtet nun auf die Summation der Dipolfelder außerhalb der Kugel, sondern betrachtet den Außenraum als homogenes Dielektrikum mit der Dielektrizitätskonstante $\varepsilon_0 \underline{\varepsilon}_r$ (Bild 7.1).

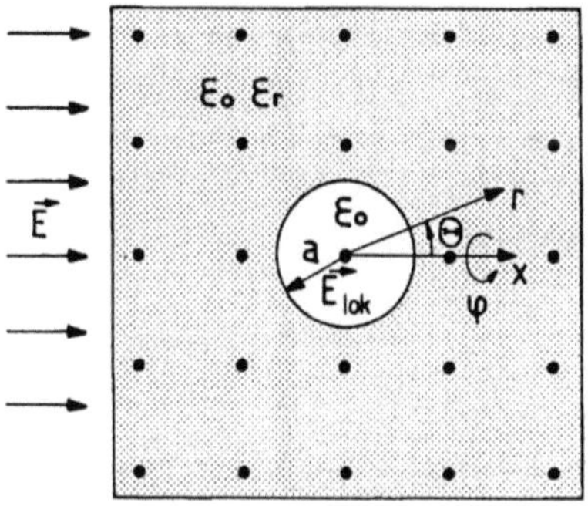

Bild 7.1: Modell zur Bestimmung der lokalen Feldstärke: homogenes Dielektrikum mit Hohlkugel und darin zentriertem polarisierten Atom.

Im ersten Schritt wird das zentrierte polarisierte Atom zunächst nicht betrachtet und die Feldverteilung sowohl im Inneren der Hohlkugel als auch im umgebenden Dielektrikum für ein ursprünglich homogenes äußeres Feld $\vec{E}$ bestimmt. Da es sich um eine Kugelanordnung mit axialer Symmetrie handelt — äußeres Feld und induziertes Dipolmoment sind gleich ausgerichtet —, das Potential also nur von r und ϑ, aber nicht von β abhängt, ergibt die Lösung der Laplace-Gleichung $\Delta V = 0$ die partikulären Lösungen

$$V(r,\vartheta) = \left(A_n r^n + \frac{B_n}{r^{n+1}}\right) P_n(\cos\vartheta) + \left(C_n r^n + \frac{D_n}{r^{n+1}}\right) Q_n(\cos\vartheta)\,, \tag{7.34}$$

wobei P_n und Q_n die Legendreschen Funktionen n-ter Ordnung der ersten bzw. der zweiten Art bezeichnen. Wegen der Singularitäten der Q_n bei den Argumenten ± 1 (bzw. $\vartheta = 0, \pi$) können sie im allgemeinen Lösungsansatz ausgeschlossen werden. Im Außenraum der Kugel setzt sich das Feld aus dem homogenen Anregungsfeld $\vec{E}$ und einem Störfeld der Kugel zusammen, das mit wachsendem Abstand r abklingt. Im Potentialansatz des Außenraums

$$V_a(r,\vartheta) = \sum_{n=0}^{\infty} \left(A_n r^n + \frac{B_n}{r^{n+1}} \right) P_n(\cos\vartheta) \tag{7.35}$$

gilt daher

$$\begin{aligned} A_1 &= -E \qquad (\text{wegen} \quad P_1(\cos\vartheta) = \cos\vartheta)\,, \\ A_n &= 0 \qquad \text{für } n \geq 2\,. \end{aligned}$$

Da im Inneren der Hohlkugel die Lösung für $r = 0$ regulär bleiben muß, sind alle Terme mit negativen Exponenten auszuschließen. Zur deutlichen Unterscheidung werden die Konstanten aus Gl. (7.34) für den Innenraum durch einen Stern gekennzeichnet. Da $B_n^* = 0$ für $n \geq 0$ gilt, ergibt sich folglich der einfache Potentialansatz

$$V_i(r,\vartheta) = \sum_{n=0}^{\infty} A_n^* r^n P_n(\cos\vartheta)\,. \tag{7.36}$$

Die verbleibenden Konstanten erhält man aus den Randbedingungen der Stetigkeit des Potentials an der Grenzfläche ($r = a$)

$$V_i(a,\vartheta) = V_a(a,\vartheta) \qquad (0 \leq \vartheta \leq \pi) \tag{7.37}$$

und der Stetigkeit der Normalkomponente (r-Komponente) der dielektrischen Verschiebung $\vec{D} = \varepsilon_0 \varepsilon_r \vec{E} = -\varepsilon_0 \varepsilon_r \mathrm{grad} V$

$$\frac{\partial V_i}{\partial r} = \varepsilon_r \frac{\partial V_a}{\partial r} \tag{7.38}$$

für $r = a$ und $0 \leq \vartheta \leq \pi$.

Aus Gl. (7.37) erhält man

$$\sum_{n=0}^{\infty} A_n^* a^n P_n(\cos\vartheta) = A_0 - EaP_1(\cos\vartheta) + \sum_{n=0}^{\infty} \frac{B_n}{a^{n+1}} P_n(\cos\vartheta) \tag{7.39}$$

und aus Gl. (7.38)

$$\sum_{n=1}^{\infty} A_n^* n a^{n-1} P_n(\cos\vartheta) = -\varepsilon_r E P_1(\cos\vartheta) - \varepsilon_r \sum_{n=0}^{\infty} \frac{(n+1)B_n}{a^{n+2}} P_n(\cos\vartheta)\,. \tag{7.40}$$

Wegen der linearen Unabhängigkeit der Legendreschen Polynome sind diese Gleichungen für alle Werte von ϑ nur zu erfüllen, wenn in ihnen die Koeffizienten der einzelnen P_n übereinstimmen:

$$\begin{aligned} n=0: \quad A_0^* &= A_0 + \frac{B_0}{a} & 0 &= \varepsilon_r \frac{B_0}{a^2}\,, \\ n=1: \quad A_1^* a &= -Ea + \frac{B_1}{a^2} & A_1^* &= -\varepsilon_r E - \varepsilon_r \frac{2B_1}{a^3}\,, \\ n \geq 2: \quad A_n^* a^n &= \frac{B_n}{a^{n+1}} & n A_n^* a^{n-1} &= -\varepsilon_r (n+1) \frac{B_n}{a^{n+2}}\,. \end{aligned} \tag{7.41}$$

Bei Vernachlässigung einer additiven Konstante im Gesamtpotential gilt daher $A_0^* = A_0 = B_0 = 0$. Zur Erfüllung der Gleichungen für A_n^* und B_n für $n \geq 2$ bleibt nur die triviale Lösung $A_n^* = B_n = 0$. Damit ergibt sich schließlich

$$A_1^* = -\frac{3\varepsilon_r}{2\varepsilon_r + 1} E \tag{7.42}$$

und

$$B_1 = \frac{1 - \varepsilon_r}{2\varepsilon_r + 1} a^3 E\,, \tag{7.43}$$

so daß für das elektrische Potential

$$V_i(r, \vartheta) = \frac{-3\varepsilon_r}{2\varepsilon_r + 1} E r \cos\vartheta\,, \tag{7.44}$$

$$V_a(r, \vartheta) = -Er\cos\vartheta + \frac{1 - \varepsilon_r}{2\varepsilon_r + 1} E a^3 \frac{\cos\vartheta}{r^2} \tag{7.45}$$

folgt. Im Inneren der Hohlkugel herrscht somit ein homogenes elektrisches Feld $\vec{E}_{i,1}$ in Richtung des äußeren Feldes $\vec{E}$:

$$\vec{E}_{i,1} = \frac{3\varepsilon_r}{2\varepsilon_r + 1} \vec{E}\,. \tag{7.46}$$

Im zweiten Schritt wird nun die Feldverteilung für ein in der Hohlkugel zentriertes polarisiertes Atom mit festem, in Feldrichtung orientiertem Dipolmoment $\vec{p}$ ($p = |\vec{p}|$) ermittelt, wobei jetzt aber die äußere Feldstärke $\vec{E}$ gleich Null gesetzt wird. Der Lösungsansatz aus Gl. (7.36) wird um das Potential eines Punktdipols im Vakuum erweitert:

$$V_i(r, \vartheta) = \sum_{n=0}^{\infty} A_n^* r^n P_n(\cos\vartheta) + \frac{p}{4\pi\varepsilon_0 r^2} \cos\vartheta\,. \tag{7.47}$$

Wegen $\vec{E} = 0$ reduziert sich der Potentialansatz des Außenraumes auf

$$V_a(r, \vartheta) = \sum_{n=0}^{\infty} \frac{B_n}{r^{n+1}} P_n(\cos\vartheta)\,. \tag{7.48}$$

Die Stetigkeiten des Potentials und der Normalkomponente der dielektrischen Verschiebung an der Grenzfläche ($r = a$) ergeben wieder $A_0^* = A_0 = B_0 = 0$ und $A_n^* = B_n = 0 \quad (n \geq 2)$. Für $n = 1$ erhält man schließlich

$$A_1^* a + \frac{p}{4\pi\varepsilon_0 a^2} = \frac{B_1}{a^2} \tag{7.49}$$

und

$$A_1^* - \frac{p}{2\pi\varepsilon_0 a^3} = -2\varepsilon_r \frac{B_1}{a^3}\,. \tag{7.50}$$

Mit den Lösungen

$$A_1^* = \frac{1 - \varepsilon_r}{1 + 2\varepsilon_r} \cdot \frac{p}{2\pi\varepsilon_0 a^3} \tag{7.51}$$

und

$$B_1 = \frac{3p}{4\pi\varepsilon_0(1 + 2\varepsilon_r)} \tag{7.52}$$

folgt für das Potential im Innenraum

$$V_i(r, \vartheta) = \frac{1 - \varepsilon_r}{2\varepsilon_r + 1} \cdot \frac{p}{2\pi\varepsilon_0 a^3} r\cos(\vartheta) + \frac{p}{4\pi\varepsilon_0 r^2}\cos(\vartheta). \tag{7.53}$$

Da das Eigenfeld des Dipols bei der Bestimmung der lokalen Feldstärke unberücksichtigt bleiben muß, liefert nur die Reaktion des Dielektrikums (erster Term) einen Beitrag zu $\vec{E}_{lok}$:

$$\vec{E}_{i,2} = \frac{\varepsilon_r - 1}{2\varepsilon_r + 1} \cdot \frac{\vec{p}}{2\pi\varepsilon_0 a^3}\,. \tag{7.54}$$

Für die lokale Feldstärke $\vec{E}_{lok}$ am Ort des in der Hohlkugel zentrierten Dipols $\vec{p}$ aufgrund der äußeren Feldstärke $\vec{E}$ ergibt sich damit

$$\vec{E}_{lok} = \vec{E}_{i,1} + \vec{E}_{i,2} = \frac{3\varepsilon_r}{2\varepsilon_r + 1}\vec{E} + \frac{\varepsilon_r - 1}{2\varepsilon_r + 1} \cdot \frac{\vec{p}}{2\pi\varepsilon_0 a^3}\,. \tag{7.55}$$

Bei den zunächst betrachteten Verzerrungspolarisationen weisen das lokale Feld $\vec{E}_{lok}$ und die Dipolmomente $\vec{p}$, also auch die Polarisation $\vec{P}$, in dieselbe Richtung. Da alle Dipolmomente $\vec{p}$ gleich stark sind, gilt

$$\vec{P} = N\vec{p} = N\underline{\alpha}\vec{E}_{lok} \,. \tag{7.31}$$

Einsetzen von Gl. (7.33) und Gl. (7.31) in Gl. (7.55) ergibt

$$\vec{E}_{lok} = \frac{3\underline{\varepsilon}_r}{2\underline{\varepsilon}_r + 1}\vec{E} + \frac{2(\underline{\varepsilon}_r - 1)}{2\underline{\varepsilon}_r + 1}\frac{\vec{P}}{3\varepsilon_0} \,. \tag{7.56}$$

Mit Gl. (7.26) folgt

$$(2\underline{\varepsilon}_r + 1)\vec{E}_{lok} = 3\underline{\varepsilon}_r\vec{E} + 2(\underline{\varepsilon}_r - 1)\frac{\varepsilon_0(\underline{\varepsilon}_r - 1)\vec{E}}{3\varepsilon_0} \,,$$

und schließlich

$$\begin{aligned} 3(2\underline{\varepsilon}_r + 1)\vec{E}_{lok} &= (9\underline{\varepsilon}_r + 2\underline{\varepsilon}_r^2 - 4\underline{\varepsilon}_r + 2)\vec{E} \\ &= (\underline{\varepsilon}_r + 2)(2\underline{\varepsilon}_r + 1)\vec{E} \,. \end{aligned}$$

Der gesuchte Zusammenhang zwischen lokaler und äußerer Feldstärke ist also durch

$$\vec{E}_{lok} = \frac{\underline{\varepsilon}_r + 2}{3}\vec{E} \quad \left(= \vec{E} + \frac{1}{3\varepsilon_0}\vec{P}\right) \tag{7.57}$$

gegeben („Lorentz-Beziehung"). Da aus einem äußeren elektrischen Feld ein homogenes Feld in der dielektrischen Hohlkugel resultiert (s. Gl. (7.46)), ist dieses Ergebnis nicht nur für einen zentrierten Dipol, sondern auch für ein homogenes polarisiertes Medium im Kugelvolumen gültig. Einsetzen dieses Ausdrucks in Gl. (7.31) ergibt mit Gl. (7.26)

$$\vec{P} = \varepsilon_0(\underline{\varepsilon}_r - 1)\vec{E} = N\underline{\alpha}\frac{\underline{\varepsilon}_r + 2}{3}\vec{E} \,,$$

und damit schließlich den Zusammenhang zwischen Dielektrizitätszahl $\underline{\varepsilon}_r$ und Polarisierbarkeit $\underline{\alpha}$:

$$\frac{\underline{\varepsilon}_r - 1}{\underline{\varepsilon}_r + 2} = \frac{N\underline{\alpha}}{3\varepsilon_0} \,. \tag{7.58}$$

Diese wichtige Beziehung wird als „Clausius-Mossotti-Gleichung" bezeichnet. Sie erlaubt eine Zuordnung zwischen makroskopischer und mikroskopischer Theorie. Gelingt es, mit einer atomistischen Theorie die Polarisierbarkeit $\underline{\alpha}$ in Abhängigkeit vom lokalen Feld zu bestimmen, kann hieraus unmittelbar die Dielektrizitätszahl berechnet werden. In den folgenden Abschnitten werden wir uns daher der Ermittlung der Polarisierbarkeit widmen.

7.2.2 Atomare Polarisierbarkeit

Die Deformation der Elektronenwolke eines Atoms im elektrischen Feld führt, wie bereits erläutert, zur räumlichen Trennung der Zentren positiver und negativer Ladung und damit zu einem Dipolmoment. Dieser Beitrag $\underline{\alpha}_a$ zur Polarisierbarkeit $\underline{\alpha}$ soll hier durch ein einfaches klassisches Modell beschrieben werden: Anstelle einer komplizierten quantenmechanischen Berechnung der Elektronenschalen wählen wir ein mechanisches Ersatzsystem, nämlich ein schwingfähiges Feder-Masse-System, wie es in Bild 7.2 dargestellt ist.

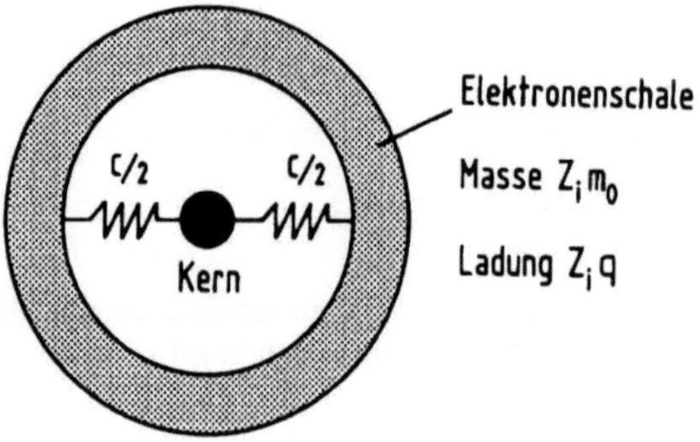

Bild 7.2: Feder-Masse-System zur Beschreibung der atomaren Polarisierbarkeit.

Die Elektronenschale eines Atoms der Ordnungszahl Z_i wird als starrer Körper mit der Masse $Z_i m_0$ (e^--Masse: $m_0 = 9,1091 \cdot 10^{-31}$ kg) und der Ladung $Z_i q$ (Elementarladung $q = 1,6021 \cdot 10^{-19}$ As) betrachtet. Durch ein elektrisches Feld kann sie gegen den zentrisch angeordneten, schweren und daher nahezu unbeweglichen Atomkern verschoben werden. Die Rückstellkraft wird durch Federn der Gesamtsteifigkeit C beschrieben. Da die Eigenfrequenz dieses Feder-Masse-Systems bekanntlich

$$\omega_0 = \sqrt{\frac{C}{Z_i m_0}} \tag{7.59}$$

beträgt, können wir die willkürlich eingeführte Federsteifigkeit durch die experimentell bestimmbare Eigenfrequenz ausdrücken:

$$C = Z_i m_0 \omega_0^2 \,. \tag{7.60}$$

Dieses mechanische Feder-Masse-Ersatzsystem kann die atomare Polarisation aber nur unvollkommen beschreiben, weil es keine Dämpfung aufweist. Da aber im klassischen Bild ein schwingender Dipol Energie abstrahlt und damit seine Eigenschwingung gedämpft ist, wollen wir im mechanischen Ersatzmodell ebenfalls ein Dämpfungsglied mit der geschwindigkeitsproportionalen Dämpfungskraft

$$\vec{K} = b \cdot \dot{\vec{x}} \tag{7.61}$$

berücksichtigen. Mit dem dimensionslosen Dämpfungsmaß

$$\gamma = \frac{b}{2\omega_0 Z_i m_0} \tag{7.62}$$

ergibt sich bei Anregung durch ein lokales Wechselfeld

$$\vec{E}_{lok}(t) = \hat{\vec{E}}_{lok} e^{-j\omega t} \tag{7.63}$$

die Schwingungsdifferentialgleichung

$$\ddot{\vec{x}} + 2\gamma\omega_0\dot{\vec{x}} + \omega_0^2\vec{x} = \frac{q}{m_0}\vec{E}_{lok}(t) \,. \tag{7.64}$$

Für die erzwungene Schwingung $\vec{x}(t)$ erhält man die Lösung

$$\vec{x}(t) = \frac{q/m_0}{\omega_0^2 - \omega^2 - j2\gamma\omega\omega_0}\vec{E}_{lok}(t) \,. \tag{7.65}$$

Damit folgt für das Dipolmoment

$$\begin{aligned} \vec{p}(t) &= Z_i q \vec{x}(t) \\ &= \frac{\left(Z_i q^2\right)/m_0}{\omega_0^2 - \omega^2 - j2\gamma\omega\omega_0}\vec{E}_{lok}(t) \,, \end{aligned} \tag{7.66}$$

und schließlich für die Polarisierbarkeit

$$\underline{\alpha}_a(\omega) = \frac{\left(Z_i q^2\right)/m_0}{\omega_0^2 - \omega^2 - j2\gamma\omega\omega_0} \,. \tag{7.67}$$

Im dämpfungsfreien Fall ($\gamma = 0$) vereinfacht sich der Ausdruck zu

$$\underline{\alpha}_a(\omega) = \frac{\left(Z_i q^2\right) / m_0}{\omega_0^2 - \omega^2} . \tag{7.68}$$

Solange die Anregungsfrequenz ω wesentlich geringer als die Eigenfrequenz ω_0 ist, ergibt sich eine nahezu frequenzunabhängige Polarisierbarkeit

$$\underline{\alpha}_a \approx \frac{Z_i q^2}{m_0 \omega_0^2} . \tag{7.69}$$

In der nachfolgenden Tabelle sind einige experimentell bestimmte Polarisierbarkeiten von Edelgasen und von Ionen der Halogenide und Alkalimetalle zusammengestellt, so daß mit der Dichte der Atome unmittelbar die Dielektrizitätskonstante berechnet werden kann.

Tab. 7.1: Atomare Polarisierbarkeit $\underline{\alpha}_a$ in 10^{-38} As cm²/V [DAL 62].

Halogenide		Edelgase		Alkalimetalle	
		He	1,8	Li^+	0,27
F^-	11	Ne	3,5	Na^+	1,8
Cl^-	26	Ar	14	K^+	8
Br^-	40	Kr	22	Rb^+	15
J^-	62	Xe	35	Cs^+	22

Da die Werte von $\underline{\alpha}_a$ im Bereich um 10^{-37}As cm²/V liegen, ergeben sich nach Gl. (7.69) Eigenfrequenzen um $\omega_0 \approx 10^{17}$ Hz. Dies entspricht einer Vakuumwellenlänge $\lambda \approx 2\pi c/\omega_0 \approx 20$ nm und damit einer Photonenenergie $\hbar\omega \approx 100$ eV. Diese grobe Abschätzung liefert nur etwas zu hohe Resonanzfrequenzen. Sie entsprechen den atomaren Anregungsenergien und liegen üblicherweise im UV-Bereich (Wasserstoff: $\lambda = 100$ nm). Die Annahme einer frequenzunabhängigen Polarisierbarkeit $\underline{\alpha}_a$ gemäß Gl. (7.69) ist demnach für die meisten Anwendungen im Bereich der Elektrotechnik gerechtfertigt. Einsetzen von Gl. (7.67) in Gl. (7.58) liefert den gesuchten Zusammenhang zwischen $\underline{\varepsilon}_r$ und den atomaren Daten:

$$\frac{\underline{\varepsilon}_r - 1}{\underline{\varepsilon}_r + 2} = \frac{\dfrac{N Z_i q^2}{3\varepsilon_0 m_0}}{\omega_0^2 - \omega^2 - j2\gamma\omega\omega_0} . \tag{7.70}$$

Im Grenzfall $\omega \ll \omega_0$ überwiegt im Nenner ω_0^2 gegenüber dem Imaginärteil; daher gilt

$$\frac{\underline{\varepsilon}_r - 1}{\underline{\varepsilon}_r + 2} \approx \frac{N Z_i q^2}{3\varepsilon_0 m_0 \omega_0^2} . \tag{7.71}$$

Entsprechend folgt für $\omega \gg \omega_0$

$$\frac{\underline{\varepsilon}_r - 1}{\underline{\varepsilon}_r + 2} \approx -\frac{N Z_i q^2}{3\varepsilon_0 m_0 \omega^2} . \tag{7.72}$$

In beiden Grenzfällen ist also $\underline{\varepsilon}_r$ reell und weist somit keine Dämpfung auf.

Nach Gl. (7.70) gilt in einem weiten Spektralbereich für $\omega \gg \omega_0$ allerdings $\varepsilon_r' < 1$ und damit $n < 1$. Die Elektronenschalen schwingen also in Gegenphase zum Anregungsfeld (s. Gl. (7.65)). Der Imaginärteil des Nenners tritt nur im Bereich der Resonanz in Erscheinung, so daß sich der im Bild 7.3 angedeutete Verlauf von $\underline{\varepsilon}_r = \varepsilon_r' - j\varepsilon_r''$ ergibt.

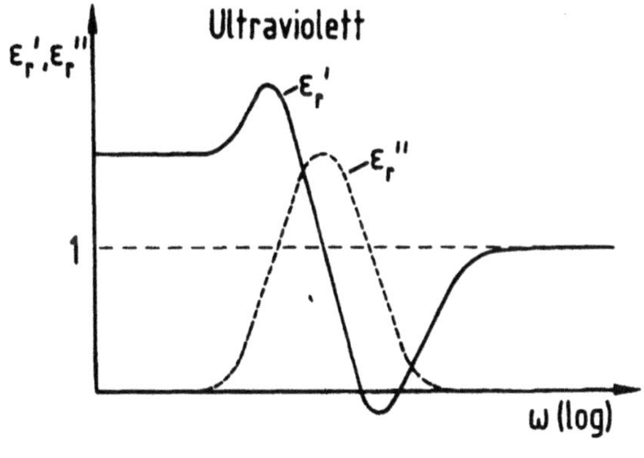

Bild 7.3: Dielektrische Resonanz: ε_r' und ε_r'' als Funktionen der Frequenz.

7.2.3 Verschiebungspolarisation

In Ionenkristallen muß neben der atomaren Polarisierbarkeit $\underline{\alpha}_a$ zusätzlich die Polarisierbarkeit $\underline{\alpha}_d$ durch Verschiebung der Ionen im elektrischen Feld berücksichtigt werden. Um diesen Beitrag zu ermitteln, nehmen wir nun die Elektronenschale als starr an den Kern gebunden an, betrachten also nur die

Verschiebung des Gesamtions durch ein äußeres elektrisches Feld $\vec{E}$, das wiederum als Feld $\vec{E}_{lok}$ wirksam wird. Die Beschreibung dieser Verschiebungspolarisation entspricht der in Kapitel 6 vorgestellten Modellvorstellung zur Bestimmung der Phononenspektren. Wählen wir einen einfachen Ionenkristall mit nur zwei unterschiedlichen Ionen der Massen M^+ und M^- und der Ladung $\pm q$, so ergibt sich bei den Verschiebungen $\vec{v}^+$ des positiv geladenen Ions (M^+) und $\vec{v}^-$ des negativ geladenen Ions (M^-) ein Dipolmoment

$$\vec{p} = q(\vec{v}^+ - \vec{v}^-) . \tag{7.73}$$

Die dem äußeren Feld entgegen wirkenden Rückstellkräfte des Gitters (Coulomb-Anziehung, Kern-Kern-Abstoßung) werden wie in Abschnitt 7.2.2 durch Federn der Steifigkeit C beschrieben. Mit der reduzierten Masse

$$M = \left(\frac{1}{M^+} + \frac{1}{M^-}\right)^{-1} \tag{7.74}$$

folgt für die Eigenfrequenz

$$\overline{\omega} = \sqrt{\frac{C}{M}} . \tag{7.75}$$

Die Schwingungsdifferentialgleichungen der positiven und negativen Ionen

$$\begin{aligned} M^+\ddot{\vec{v}}^+ + C(\vec{v}^+ - \vec{v}^-) &= q\vec{E}_{lok}(t) , \\ M^-\ddot{\vec{v}}^- - C(\vec{v}^+ - \vec{v}^-) &= -q\vec{E}_{lok}(t) \end{aligned} \tag{7.76}$$

lassen sich mit Gl. (7.74) und mit

$$\vec{w} = \vec{v}^+ - \vec{v}^- \tag{7.77}$$

zusammenfassen zu

$$\ddot{\vec{w}} + \frac{C}{M}\vec{w} = \frac{q}{M}\vec{E}_{lok}(t) . \tag{7.78}$$

Bei Anregung durch ein Wechselfeld

$$\vec{E}_{lok}(t) = \hat{\vec{E}}_{lok} e^{-j\omega t} \tag{7.63}$$

ergibt sich mit dem Lösungsansatz

$$\vec{w}(t) = \hat{\vec{w}} e^{-j\omega t} \tag{7.79}$$

die Schwingungsamplitude zu

$$\vec{\hat{w}} = \frac{\left(q\vec{\hat{E}}_{lok}\right)/M}{\overline{\omega}^2 - \omega^2} \tag{7.80}$$

und damit die Polarisierbarkeit $\underline{\alpha}_d$ zu

$$\underline{\alpha}_d(\omega) = \frac{q^2}{M(\overline{\omega}^2 - \omega^2)} \,. \tag{7.81}$$

Die Dämpfung wurde in dieser Ableitung nicht berücksichtigt. Sie kann aber gegebenenfalls, so wie im vorigen Abschnitt gezeigt, mit einbezogen werden.

Das Resonanzverhalten der Verschiebungspolarisation entspricht grundsätzlich dem spektralen Verlauf der atomaren Polarisation. Da jedoch die Masse der Ionenkerne um mindestens 10^4 über der Masse der Elektronenschale liegt, ergibt sich nach Gl. (7.75) eine um mindestens einen Faktor 100 niedrigere Resonanzfrequenz. Sie liegt häufig im infraroten bzw. sichtbaren Spektralbereich. Der Beitrag der Verschiebungspolarisation zur statischen Dielektrizitätskonstante entspricht aber dennoch dem Beitrag der atomaren Polarisierbarkeit, da die Abnahme von $\overline{\omega}^2$ im Nenner von Gl. (7.81) durch die entsprechend größere Masse M kompensiert wird.

Wie bereits in Abschnitt 7.2 angedeutet, kann die gesamte Polarisierbarkeit $\underline{\alpha}$ durch die Summe der atomaren Polarisierbarkeit $\underline{\alpha}_a$ und der Verschiebungspolarisation $\underline{\alpha}_d$ ausgedrückt werden (zunächst sei noch $\underline{\alpha}_o = 0$):

$$\underline{\alpha} = \underline{\alpha}_a + \underline{\alpha}_d \,. \tag{7.32}$$

Lassen wir noch unterschiedliche atomare Polarisierbarkeiten der positiven ($\underline{\alpha}_a^+$) und negativen ($\underline{\alpha}_a^-$) Ionen bei gleichen Eigenfrequenzen ω_0 zu, gilt folglich

$$\underline{\alpha} = (\underline{\alpha}_a^+ + \underline{\alpha}_a^-) + \frac{q^2}{M(\overline{\omega}^2 - \omega^2)} \,. \tag{7.82}$$

Mit der Clausius-Mossotti-Beziehung (Gl. (7.58)) ergibt sich für die Dielektrizitätskonstante $\underline{\varepsilon}_r(\omega)$

$$\frac{\underline{\varepsilon}_r(\omega) - 1}{\underline{\varepsilon}_r(\omega) + 2} = \frac{N}{3\varepsilon_0}\left[\underline{\alpha}_a^+ + \underline{\alpha}_a^- + \frac{q^2}{M(\overline{\omega}^2 - \omega^2)}\right] \,. \tag{7.83}$$

Hieraus folgt mit der frequenzunabhängigen Näherung für α_a aus Gl. (7.69) für die statische Dielektrizitätskonstante $\varepsilon'_{r,0} = \underline{\varepsilon}_r(0)$ wegen $\varepsilon''_r(0) = 0$

$$\frac{\varepsilon'_{r,0} - 1}{\varepsilon'_{r,0} + 2} = \frac{N}{3\varepsilon_0}\left[\alpha_a^+ + \alpha_a^- + \frac{q^2}{M\overline{\omega}^2}\right] , \tag{7.84}$$

während sich für die „Hochfrequenz-Dielektrizitätskonstante" $\varepsilon'_{r,\infty}$ ($\varepsilon''_{r,\infty} = 0$)

$$\frac{\varepsilon'_{r,\infty} - 1}{\varepsilon'_{r,\infty} + 2} = \frac{N}{3\varepsilon_0}\left[\alpha_a^+ + \alpha_a^-\right] \qquad (\bar{\omega} \ll \omega \ll \omega_0) \tag{7.85}$$

ergibt. Häufig wird im dämpfungsfreien Fall die Dielektrizitätskonstante als Funktion dieser beiden Werte $\varepsilon'_{r,0}$ und $\varepsilon'_{r,\infty}$ ausgedrückt. Während die statische Dielektrizitätskonstante $\varepsilon'_{r,0}$ meist bis über den Frequenzbereich der Mikrowellentechnik hinaus gültig ist, ist die Hochfrequenz-Dielektrizitätskonstante $\varepsilon'_{r,\infty}$ im infraroten und sichtbaren Spektralbereich bestimmend. Einsetzen von Gl. (7.84) und Gl. (7.85) in Gl. (7.83) liefert

$$\frac{\varepsilon'_r(\omega) - 1}{\varepsilon'_r(\omega) + 2} = \frac{\varepsilon_{r,\infty} - 1}{\varepsilon'_{r,\infty} + 2} + \left(\frac{\varepsilon_{r,0} - 1}{\varepsilon'_{r,0} + 2} - \frac{\varepsilon'_{r,\infty} - 1}{\varepsilon'_{r,\infty} + 2}\right) \cdot \frac{1}{1 - \frac{\omega^2}{\bar{\omega}^2}} . \tag{7.86}$$

Hieraus kann durch einfache Umformungen die übliche Darstellungsweise

$$\varepsilon'_r(\omega) = \varepsilon'_{r,\infty} + \frac{\varepsilon'_{r,\infty} - \varepsilon'_{r,0}}{\left(\frac{\omega^2}{\omega_T^2}\right) - 1} \tag{7.87a}$$

mit

$$\begin{aligned} \omega_T^2 &= \overline{\omega}^2 \left(\frac{\varepsilon'_{r,\infty} + 2}{\varepsilon'_{r,0} + 2}\right) \\ &= \overline{\omega}^2 \left(1 - \frac{\varepsilon'_{r,0} - \varepsilon'_{r,\infty}}{\varepsilon'_{r,0} + 2}\right) \end{aligned} \tag{7.87b}$$

gewonnen werden.

Der prinzipielle spektrale Verlauf der Dielektrizitätskonstante unter Berücksichtigung einer Dämpfung in beiden Polarisationsmechanismen ist in Bild 7.4 sowohl für den Realteil ε'_r als auch für den Imaginärteil ε''_r skizziert.

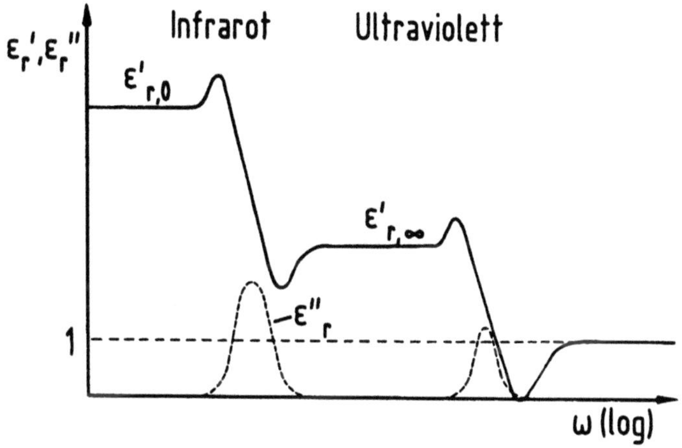

Bild 7.4: Spektraler Verlauf von ε_r' und ε_r'' bei Berücksichtigung der atomaren Polarisierbarkeit und der Verschiebungspolarisation bei Dämpfung.

Die einfache additive Überlagerung beider Polarisationsmechanismen ist natürlich nur bedingt gerechtferigt. Während für die Bestimmung der atomaren Polarisierbarkeit auf den Gitterplätzen ruhende Atomkerne angenommen wurden, deren Elektronenschale im elektrischen Feld verschoben wird, ging die Abschätzung der Verschiebungspolarisation von unverformbaren, aber dafür beweglichen Ionen aus. Eine genauere Beschreibung müßte daher beide Effekte gemeinsam in Betracht ziehen. Derartige aufwendige Modelle ergeben zwar quantitativ eine bessere Beschreibung, das grundsätzliche Verhalten bleibt jedoch unbeeinflußt. Kristalle mit kovalenter Bindung (Halbleiter) sollten nach der zuvor entwickelten Modellvorstellung keinen Beitrag der Verschiebungspolarisation aufweisen. Dennoch tritt aber auch bei diesen Materialien eine den Ionenkristallen ähnliche statische Dielektrizitätskonstante auf (s. Tab. 7.2). Da die Elektronen nicht wie bei den Ionenkristallen relativ fest an den Kern gebunden sind, sondern ein Elektronengas bilden, kann hier die Trennung zwischen atomarer Polarisierbarkeit und Verschiebungspolarisation nicht aufrecht erhalten werden. Der Kristall muß vielmehr in seiner Gesamtheit beschrieben werden. Diese komplexe Theorie soll hier aber nicht weiter verfolgt werden.

Tab. 7.2: Dielektrizitätskonstante von Ionenkristallen und kovalenten Kristallen ($\lambda_T = \frac{2\pi c}{\omega_T}$) [KNO 68; PHI 68 et al.].

Ionenkristalle				Kovalente Kristalle	
Verbindung	$\varepsilon'_{r,0}$	$\varepsilon'_{r,\infty}$	λ_T (μm)	Verbindung	$\varepsilon'_{r,0}$
LiF	9,01	1,96	33	C	5,7
NaF	5,05	1,74	41	Si	11,9
KF	5,46	1,85	53	Ge	16,0
LiCl	11,95	2,78	52	GaP	11,1
NaCl	5,90	2,34	59	GaAs	13,1
KCl	4,84	2,19	67	InP	12,6
LiBr	13,25	3,17	63	InAs	15,1
NaBr	6,28	2,59	74	ZnS	8,5
KBr	4,90	2,34	87	ZnSe	7,6
LiJ	16,85	3,80	—	CdS	9,0
NaJ	7,28	2,93	86	CdTe	10,0
KJ	5,10	2,62	92		

7.2.4 Orientierungspolarisation

Bei der atomaren Polarisierbarkeit und bei der Verschiebungspolarisation werden die „Elementardipole“ erst durch ein äußeres Feld erzeugt, diese Dielektrika sind also im feldfreien Fall nicht polarisiert. In diesem Abschnitt werden nun diejenigen Substanzen behandelt, die auch ohne äußeres Feld permanente Dipole besitzen. Die Orientierungspolarisation $\underline{\alpha}_o$, also die Ausrichtung dieser permanenten Dipole in einem elektrischen Feld, liefert einen erheblichen Beitrag zur statischen Dielektrizitätskonstante: Die stark dipolare Verbindung Wasser hat z.B. eine statische Dielektrizitätskonstante $\varepsilon'_{r,0} = 81$, während sie bei optischen Frequenzen nur noch $\varepsilon'_r = 1,77$ beträgt. Diese drastische Abnahme ist im wesentlichen auf den Ausfall der Orientierungspolarisation zurückzuführen. Permanente Dipole treten aber nicht nur in Gasen und Flüssigkeiten, sondern auch in Festkörpern auf. Auf eine eingehende theoretische Beschreibung dieses relativ speziellen Polarisationsmechanismus soll hier verzichtet werden; es sollen nur einige wesentliche Ergebnisse zusammengestellt werden.

Ohne äußeres Feld ist die Lage der Dipole willkürlich. Mit anwachsender Feldstärke werden sich die Dipole zunehmend der Feldrichtung anpassen, wobei jedoch die statistische Temperaturbewegung dieser ordnenden Kraft entgegen wirkt. Bei diesem Polarisationsmechanismus tritt also keine eindeutige Rückstellkraft auf, die wie in den vorigen Abschnitten durch Federn charakterisiert werden könnte. Zur Bestimmung der Orientierungspolarisation muß nicht der momentane Beitrag jedes einzelnen Dipols, sondern nur der Mittelwert des Dipolmoments in Feldrichtung berechnet werden.

Die permanenten Dipolmomente $\vec{p}_o$ besitzen alle einen gemeinsamen Betrag $p_o = |\vec{p}_o|$. Ist außerdem θ der Winkel zwischen dem jeweiligen $\vec{p}_o$ und $\vec{E}$, so ist der Beitrag dieses Dipols zum Gesamtdipolmoment

$$\vec{p}_o \cdot \frac{\vec{E}}{|\vec{E}|} = p_o \cos\theta \; . \tag{7.88}$$

Zur Berechnung des Mittelwerts aller Beiträge muß also nur $\cos\theta$ gemittelt werden, wozu man die Verteilungsfunktion $f(\theta)$ benötigt. Da die Dipole aufgrund der thermischen Bewegung durch Stöße in Wechselwirkung treten, kann eine Boltzmann-Verteilung $\exp(-W/(kT))$ angenommen werden, wobei die Energie W des Dipols im elektrischen Feld durch

$$W = -\vec{p}_o \cdot \vec{E} = -p_o|\vec{E}|\cos\theta \tag{7.89}$$

gegeben ist. Damit ist

$$f(\theta) = \exp\left[\frac{p_o|\vec{E}|}{kT}\cos\theta\right] = \exp[\beta\cos\theta] \tag{7.90}$$

mit

$$\beta = \frac{p_o|\vec{E}|}{kT}$$

die Verteilungsfunktion, mit deren Hilfe $\cos\theta$ über die Einheitskugel zu mitteln ist. Setzt man noch Rotationssymmetrie bezüglich $\vec{E}$ voraus, hat man es nur noch mit der Integration über θ zu tun und erhält

$$\begin{aligned}
\overline{\cos\theta} &= \frac{\int_0^\pi \cos\theta \exp[\beta\cos\theta]\sin\theta\, d\theta}{\int_0^\pi \exp[\beta\cos\theta]\,\sin\theta\, d\theta} \overset{\cos\theta=u}{=} \frac{\int_{-1}^{1} u e^{\beta u}\, du}{\int_{-1}^{1} e^{\beta u}\, du} \\
&= \frac{\left[\left(\frac{u}{\beta} - \frac{1}{\beta^2}\right)e^{\beta u}\right]_{-1}^{1}}{\left[\frac{1}{\beta}e^{\beta u}\right]_{-1}^{1}} = \frac{\frac{1}{\beta}\left(e^{\beta}+e^{-\beta}\right) - \frac{1}{\beta^2}\left(e^{\beta}-e^{-\beta}\right)}{\frac{1}{\beta}\left(e^{\beta}-e^{-\beta}\right)} \\
&= \frac{e^{\beta}+e^{-\beta}}{e^{\beta}-e^{-\beta}} - \frac{1}{\beta} = \coth\beta - \frac{1}{\beta}\,.
\end{aligned} \tag{7.91}$$

Einsetzen der Definition von β liefert als Gesamtdipolmoment

$$|\vec{P}| = N p_o \overline{\cos\theta} = N p_o \left(\coth\left[\frac{p_o|\vec{E}|}{kT}\right] - \frac{kT}{p_o|\vec{E}|}\right)\,. \tag{7.92}$$

Die rechts stehende Klammer konvergiert für $\beta \to \infty$ gegen eins. Bei nicht zu tiefer Temperatur gilt jedoch in allen praktisch wichtigen Fällen sogar $\beta \ll 1$. Damit aber ergibt die Reihenentwicklung der Exponentialfunktion in Gl. (7.91)

$$\begin{aligned}
\overline{\cos\theta} &= \frac{2\left(1+\frac{1}{2!}\beta^2+\ldots\right)}{2\left(\beta+\frac{1}{3!}\beta^3+\ldots\right)} - \frac{1}{\beta} \\
&= \frac{\beta\left(1+\frac{1}{2!}\beta^2+\ldots\right) - \left(\beta+\frac{1}{3!}\beta^3+\ldots\right)}{\beta\left(\beta+\frac{1}{3!}\beta^3+\ldots\right)} \\
&= \frac{\frac{1}{3}\beta^3+\ldots}{\beta^2+\ldots}\,,
\end{aligned} \tag{7.93}$$

also in erster Näherung $\overline{\cos\theta} = \frac{1}{3}\beta$ und damit

$$\vec{P} = \frac{N p_o^2}{3kT}\vec{E}\,. \tag{7.94}$$

Mit Gl. (7.26) folgt schließlich

$$\underline{\varepsilon}_r - 1 = \frac{N p_o^2}{3\varepsilon_0 kT}\,. \tag{7.95}$$

Diese Näherung ist bei Gasen mit geringer Dichte N gut erfüllt.

Im Gegensatz zur atomaren Polarisierbarkeit und zur Verschiebungspolarisation zeigt die Orientierungspolarisation eine ausgeprägte Temperaturabhängigkeit. Daher ist eine einfache experimentelle Unterscheidung der Orientierungs- und Verschiebungspolarisation möglich. Auch das Frequenzverhalten zeigt einen grundsätzlich anderen Verlauf. Während die atomare Polarisierbarkeit und die Verschiebungspolarisation ein resonantes Verhalten zeigen, liegt bei der Orientierungspolarisation ein Relaxationsmechanismus vor: Die Dipole können dem Feld nicht beliebig schnell folgen, sondern ihre Ausrichtung ist mit einer gewissen Trägheit verbunden. Ebenso ist beim Abschalten des äußeren Feldes eine bestimmte Relaxationszeit τ zur Umverteilung durch die thermische Bewegung erforderlich. Die Zeitabhängigkeit der Orientierungspolarisation $\vec{P}_o$ soll daher durch den Relaxationsansatz (Debye-Gleichung)

$$\frac{d\vec{P}_o(t)}{dt} = \frac{\vec{P}_o^\star - \vec{P}_o(t)}{\tau} \tag{7.96}$$

beschrieben werden, wobei $\vec{P}_o^\star$ die Polarisation kennzeichnet, die sich bei trägheitsloser Ausrichtung der Dipole ergibt. Bei Anregung mit dem Wechselfeld

$$\vec{E} = \vec{\hat{E}}e^{-j\omega t} \tag{7.97}$$

gilt also

$$\vec{P}_o^\star = \vec{\hat{P}}_o^\star e^{-j\omega t} , \tag{7.98}$$

wobei $\vec{\hat{P}}_o^\star$ reell ist. Aus Gl. (7.96) folgt daher für den eingeschwungenen Zustand

$$\vec{P}_o = \vec{\hat{P}}_o e^{-j\omega t} \tag{7.99}$$

mit

$$\vec{\hat{P}}_o = \frac{\vec{\hat{P}}_o^\star}{1 - j\omega\tau} . \tag{7.100}$$

Beinhaltet $\underline{\varepsilon}_{r,\infty}$ die Beiträge der atomaren Polarisierbarkeit und der Verschiebungspolarisation und die statische Dielektrizitätskonstante $\underline{\varepsilon}_{r,0}$ zusätzlich den Beitrag der Orientierungspolarisation, so gilt für das Frequenzverhalten

$$\underline{\varepsilon}_r(\omega) = \underline{\varepsilon}_{r,\infty} + \frac{\underline{\varepsilon}_{r,0} - \underline{\varepsilon}_{r,\infty}}{1 - j\omega\tau} . \tag{7.101}$$

Dieses Ergebnis ist in Bild 7.5 sowohl für den Realteil ε_r' als auch für den Imaginärteil ε_r'' dargestellt.

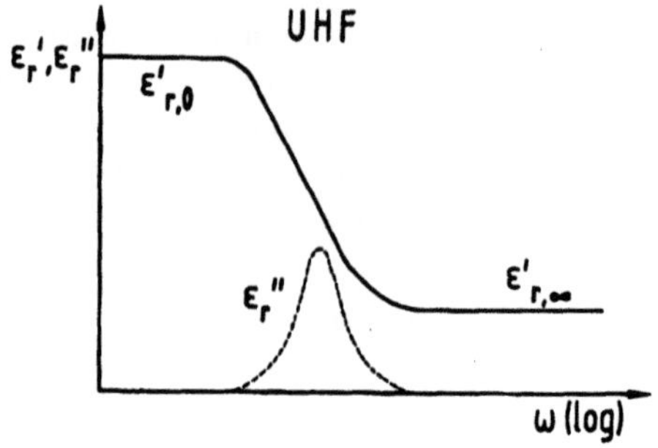

Bild 7.5: Frequenzabhängigkeit von ε_r' und ε_r'' bei der Orientierungspolarisation.

Während die Vorstellung frei beweglicher Dipole für Gase und Flüssigkeiten sicherlich gerechtfertigt ist, kann sie für Festkörper im allgemeinen nicht aufrecht erhalten werden. Vielmehr kann ein Dipol nur in einer oder mehreren stabilen Lagen im Kristall eingebunden werden. Sind mehrere stabile Ausrichtungen möglich, so ist für einen Umklapp-Prozeß eine erhebliche Energiezufuhr erforderlich um die trennende „Potentialbarriere“ zu überwinden. Bei hinreichend tiefen Temperaturen sind die Dipole „eingefroren“; es fehlt eine Auflockerung des Gitters durch thermische Bewegung. In diesem Temperaturbereich treten daher nur die atomare Polarisation und die Verschiebungspolarisation auf. Bei höheren Temperaturen bzw. spätestens kurz vor dem Schmelzpunkt werden die Dipole beweglich und können sich im elektrischen Feld durch Wechsel der stabilen Lagen ausrichten. Die Polarisation steigt daher sprunghaft an. Mit weiter steigender Temperatur nimmt schließlich die Dielektrizitätskonstante aufgrund der thermischen Bewegung gemäß Gl. (7.74) wieder ab. Da dieser Effekt kaum technische Anwendung findet, soll auf eine genauere theoretische Beschreibung verzichtet werden.

Damit ist die Zusammenstellung der wesentlichen Polarisationsmechanismen abgeschlossen. Bild 7.6 faßt noch einmal das Frequenzverhalten der Dielektrizitätskonstante mit Beiträgen aller drei grundlegenden Polarisationsmechanismen zusammen.

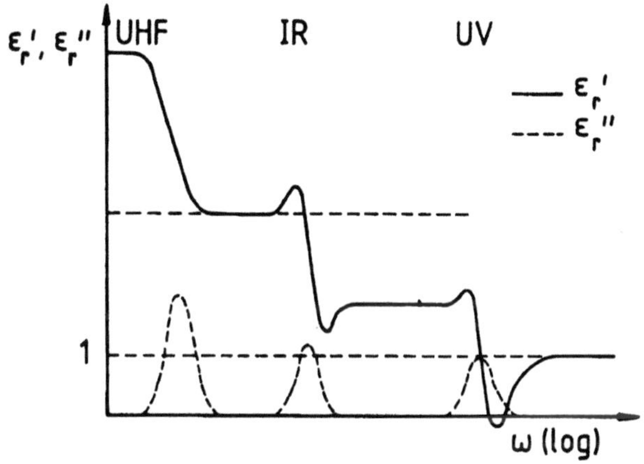

Bild 7.6: Spektraler Verlauf der Dielektrizitätskonstante bei Berücksichtigung der atomaren Polarisation, der Verschiebungs- und der Orientierungspolarisation.

7.3 Kramers-Kronig-Relationen

Zur Bestimmung der Beiträge der einzelnen Polarisationsmechanismen wurden in den vorigen Abschnitten mechanische Modellsysteme entwickelt, die die komplexe Dielektrizitätskonstante durch geeignete Kombinationen aus Feder-Masse-Anordnungen und zusätzlichen Dämpfungsgliedern beschreiben. Nach dieser einfachen Vorstellung sind der Real- und Imaginärteil der komplexen Dielektrizitätskonstante bzw. der Brechungsindex und der Absorptionskoeffizient im wesentlichen voneinander unabhängige Parameter.

Wie die folgende Betrachtung zeigen wird, ist diese Vorstellung jedoch bereits aus mathematischen Gründen nicht zutreffend. ε_r' und ε_r'' bzw. n und κ sind nämlich durch Dispersionsrelationen verknüpft.

Greifen wir auf Gl. (7.26) und Gl. (7.27) zurück:

$$\vec{P} = \varepsilon_0 \underline{\chi} \vec{E} \,. \tag{7.102}$$

Die Frequenzabhängigkeit der Suszeptibilität $\underline{\chi} = \underline{\chi}(\omega)$ wurde in den vorigen Abschnitten eingehend untersucht. Bei Anregung mit einem Wechselfeld $E(\omega)$ der Frequenz ω ergibt sich daher die zugehörige Polarisation

$$P(\omega) = \varepsilon_0 \underline{\chi}(\omega) E(\omega) \,. \tag{7.103}$$

Mit der Fouriertransformation

$$\tilde{f}(t) = \frac{1}{\sqrt{2\pi}} \int_{-\infty}^{\infty} f(\omega) e^{-j\omega t} d\omega \tag{7.104}$$

bzw. der Fourierrücktransformation

$$f(\omega) = \frac{1}{\sqrt{2\pi}} \int_{-\infty}^{\infty} \tilde{f}(t) e^{j\omega t} dt \tag{7.105}$$

und dem Faltungssatz

$$\int_{-\infty}^{\infty} f(\omega) g(\omega) e^{-j\omega t} d\omega = \int_{-\infty}^{\infty} f(t-t') g(t') dt' \tag{7.106}$$

folgt aus Gl. (7.103)

$$\begin{aligned}
\tilde{P}(t) &= \frac{1}{\sqrt{2\pi}} \int_{-\infty}^{\infty} P(\omega) e^{-j\omega t} d\omega \\
&= \frac{\varepsilon_0}{\sqrt{2\pi}} \int_{-\infty}^{\infty} \underline{\chi}(\omega) E(\omega) e^{-j\omega t} d\omega \\
&= \frac{\varepsilon_0}{\sqrt{2\pi}} \int_{-\infty}^{\infty} \underline{\tilde{\chi}}(t-t') \tilde{E}(t') dt' .
\end{aligned} \tag{7.107}$$

Die Fouriertransformierte $\tilde{P}(t)$ der Polarisation zum Zeitpunkt t ist also die momentane Reaktion des Systems auf äußere Felder $\tilde{E}$, die zu beliebiger Zeit t' wirken. Es kann aber keine Polarisation des Mediums auftreten, bevor sie nicht durch ein äußeres Feld angeregt wird: Das System kann nur reagieren, aber nicht äußere Einflüsse vorhersehen. Daher unterliegt $\underline{\tilde{\chi}}$ der Kausalitätsbedingung

$$\underline{\tilde{\chi}}(t-t') = 0 \quad \text{für} \quad t' > t . \tag{7.108}$$

Für die Suszeptibilität ergibt sich hieraus

$$\underline{\chi}(\omega) = \frac{1}{\sqrt{2\pi}} \int_{-\infty}^{\infty} \underline{\tilde{\chi}}(t) e^{j\omega t} dt = \frac{1}{\sqrt{2\pi}} \int_{0}^{\infty} \underline{\tilde{\chi}}(t) e^{j\omega t} dt . \tag{7.109}$$

Faßt man in dieser Darstellung ω als komplexe Veränderliche $\underline{\omega} = \omega' + j\omega''$ auf, definiert dieses Integral in seinem Konvergenzbereich eine analytische Funktion. Wegen

$$e^{j\underline{\omega}t} = e^{j\omega' t} e^{-\omega'' t} , \tag{7.110}$$

wegen der Beschränktheit von $\underline{\tilde{\chi}}$ und wegen $|e^{j\omega' t}| = 1$ konvergiert das Integral für alle $\omega'' > 0$, also in der oberen Halbebene. $\underline{\chi}(\underline{\omega})$ ist also dort eine reguläre analytische Funktion mit $\lim_{|\underline{\omega}|\to\infty} \underline{\chi}(\underline{\omega}) = 0$. Mit einem beliebig gewählten $\omega^\star$ auf der reellen Achse seien die Bezeichnungen gemäß Bild 7.7 gewählt. Für das Integral über den großen Halbkreis erhält man

$$\left| \int_{H_R} \frac{\underline{\chi}(\underline{\omega})}{\underline{\omega} - \omega^\star} d\underline{\omega} \right| \leq \pi \cdot R \, \frac{\max\left\{ |\underline{\chi}(\underline{\omega})| : \underline{\omega} \in H_R \right\}}{R} \to 0 \quad \text{für } R \to \infty \, . \tag{7.111}$$

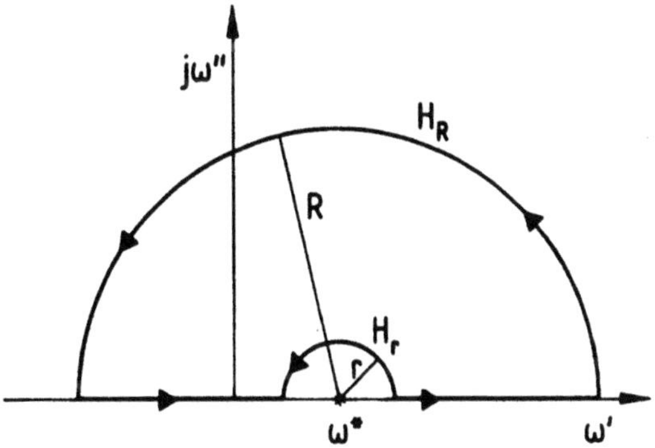

Bild 7.7: Integrationsweg zur Ableitung der Kramers-Kronig-Relationen.

Weiter gilt

$$\int_{H_r} \frac{\underline{\chi}(\underline{\omega})}{\underline{\omega} - \omega^\star} d\underline{\omega} = \int_{H_r} \frac{\underline{\chi}(\underline{\omega}) - \underline{\chi}(\omega^\star)}{\underline{\omega} - \omega^\star} d\underline{\omega} + \int_{H_r} \frac{\underline{\chi}(\omega^\star)}{\underline{\omega} - \omega^\star} d\underline{\omega} \, . \tag{7.112}$$

Der Integrand des ersten Integrals der rechten Seite konvergiert mit $r \to 0$, also $\underline{\omega} \to \omega^\star$, gegen $\underline{\chi}'(\omega^\star)$, so daß sein Betrag etwa durch $|\underline{\chi}'(\omega^\star)| + 1$ nach oben abgeschätzt werden kann. Es folgt

$$\left| \int_{H_r} \frac{\underline{\chi}(\underline{\omega}) - \underline{\chi}(\omega^\star)}{\underline{\omega} - \omega^\star} d\underline{\omega} \right| \leq \pi r \left(|\underline{\chi}'(\omega^\star)| + 1 \right) \to 0 \quad \text{für } r \to 0 \, . \tag{7.113}$$

Das zweite Integral ergibt ($\underline{\omega} = \omega^\star + r\, e^{j\varphi}$)

$$\int_{H_r} \frac{\underline{\chi}(\omega^\star)}{\underline{\omega} - \omega^\star} d\underline{\omega} = \underline{\chi}(\omega^\star) \int_0^\pi \frac{jr\, e^{j\varphi}}{r\, e^{j\varphi}} d\varphi = j\pi \underline{\chi}(\omega^\star) \, , \tag{7.114}$$

so daß man insgesamt

$$\lim_{r\to 0} \int_{H_r} \frac{\underline{\chi}(\underline{\omega})}{\underline{\omega}-\omega^\star} d\underline{\omega} = j\pi\underline{\chi}(\omega^\star) \tag{7.115}$$

erhält. Schließlich liefert der Cauchysche Integralsatz

$$\begin{aligned} \int_{H_R} \frac{\underline{\chi}(\underline{\omega})}{\underline{\omega}-\omega^\star} d\underline{\omega} + \int_{\omega^\star-R}^{\omega^\star-r} \frac{\underline{\chi}(\underline{\omega})}{\underline{\omega}-\omega^\star} d\underline{\omega} - \int_{H_r} \frac{\underline{\chi}(\underline{\omega})}{\underline{\omega}-\omega^\star} d\underline{\omega} \\ + \int_{\omega^\star+r}^{\omega^\star+R} \frac{\underline{\chi}(\underline{\omega})}{\underline{\omega}-\omega^\star} d\underline{\omega} = 0\,. \end{aligned} \tag{7.116}$$

Wegen Gl. (7.111) ergibt der Grenzübergang $R \to \infty$

$$\int_{-\infty}^{\omega^\star-r} \frac{\underline{\chi}(\underline{\omega})}{\underline{\omega}-\omega^\star} d\underline{\omega} + \int_{\omega^\star+r}^{\infty} \frac{\underline{\chi}(\underline{\omega})}{\underline{\omega}-\omega^\star} d\underline{\omega} = \int_{H_r} \frac{\underline{\chi}(\underline{\omega})}{\underline{\omega}-\omega^\star} d\underline{\omega}\,, \tag{7.117}$$

und weiter folgt wegen Gl. (7.115) mit $r \to 0$

$$\begin{aligned} H\int_{-\infty}^{\infty} \frac{\underline{\chi}(\omega)}{\omega-\omega^\star} d\omega &:= \lim_{r\to 0} \left(\int_{-\infty}^{\omega^\star-r} \frac{\underline{\chi}(\omega)}{\omega-\omega^\star} d\omega + \int_{\omega^\star+r}^{\infty} \frac{\underline{\chi}(\omega)}{\omega-\omega^\star} d\omega \right) \\ &= j\pi\underline{\chi}(\omega^\star)\,, \end{aligned} \tag{7.118}$$

wobei das links stehende, durch H gekennzeichnete Integral den Cauchyschen Hauptwert bezeichnet. Trennung von Real- und Imaginärteil ergibt die „Kramers-Kronig-Relationen“

$$\begin{aligned} \mathrm{Re}\,\underline{\chi}(\omega^\star) &= \frac{1}{\pi} H\int_{-\infty}^{\infty} \frac{\mathrm{Im}\,\underline{\chi}(\omega)}{\omega-\omega^\star} d\omega\,, \\ \mathrm{Im}\,\underline{\chi}(\omega^\star) &= -\frac{1}{\pi} H\int_{-\infty}^{\infty} \frac{\mathrm{Re}\,\underline{\chi}(\omega)}{\omega-\omega^\star} d\omega\,. \end{aligned} \tag{7.119}$$

Für die praktische Anwendung besagen die Kramers-Kronig-Relationen folgendes: Kennt man die Werte des Imaginärteils einer analytischen Funktion der angegebenen Art auf der reellen Achse (etwa aus Messungen), so kann man dort die Werte des Realteils berechnen, und umgekehrt.

Die Zerlegung von Gl. (7.109) in Real- und Imaginärteil liefert

$$\mathrm{Re}\,\underline{\chi}(-\omega) = \mathrm{Re}\,\underline{\chi}(\omega)\,, \quad \mathrm{Im}\,\underline{\chi}(-\omega) = -\mathrm{Im}\,\underline{\chi}(\omega)\,. \tag{7.120}$$

Diese Gleichungen gestatten nun noch eine Umschreibung der Kramers-Kronig-Relationen. Erweitert man die Integranden in Gl. (7.119) mit $\omega+\omega^\star$, so ergibt sich bei Verwendung von Gl. (7.120) für $\omega^\star > 0$

$$\begin{aligned}
\operatorname{Re}\underline{\chi}(\omega^\star) &= \frac{1}{\pi}H\int_{-\infty}^{0}\frac{\operatorname{Im}\underline{\chi}(\omega)\,(\omega+\omega^\star)}{\omega^2-\omega^{\star 2}}d\omega \\
&\quad+\frac{1}{\pi}H\int_{0}^{\infty}\frac{\operatorname{Im}\underline{\chi}(\omega)\,(\omega+\omega^\star)}{\omega^2-\omega^{\star 2}}d\omega \\
&= \frac{1}{\pi}H\int_{0}^{\infty}\frac{-\operatorname{Im}\underline{\chi}(\omega)\,(-\omega+\omega^\star)}{\omega^2-\omega^{\star 2}}d\omega \\
&\quad+\frac{1}{\pi}H\int_{0}^{\infty}\frac{\operatorname{Im}\underline{\chi}(\omega)\,(\omega+\omega^\star)}{\omega^2-\omega^{\star 2}}d\omega \\
&= \frac{2}{\pi}H\int_{0}^{\infty}\frac{\omega\operatorname{Im}\underline{\chi}(\omega)}{\omega^2-\omega^{\star 2}}d\omega
\end{aligned} \tag{7.121}$$

und analog

$$\operatorname{Im}\underline{\chi}(\omega^\star) = -\frac{2\omega^\star}{\pi}H\int_{0}^{\infty}\frac{\operatorname{Re}\underline{\chi}(\omega)}{\omega^2-\omega^{\star 2}}d\omega\,. \tag{7.122}$$

Hieraus folgen unmittelbar die bekannten Kramers-Kronig-Relationen zwischen Real- und Imaginärteil der komplexen Dielektrizitätskonstanten:

$$\varepsilon_r'(\omega^\star)-1 = \frac{2}{\pi}H\int_{0}^{\infty}\frac{\omega\,\varepsilon_r''(\omega)}{\omega^2-\omega^{\star 2}}d\omega\,, \tag{7.123}$$

$$\varepsilon_r''(\omega^\star) = -\frac{2\omega^\star}{\pi}H\int_{0}^{\infty}\frac{\varepsilon_r'(\omega)-1}{\omega^2-\omega^{\star 2}}d\omega\,. \tag{7.124}$$

Ist z.B. der spektrale Verlauf des Realteils aus experimentellen Untersuchungen bekannt, kann man den Imaginärteil mit Hilfe numerischer Integrationsmethoden berechnen.

8 Spezielle Effekte in Kristallen

Bei der Diskussion der dielektrischen Eigenschaften wurden bisher isotrope Medien vorausgesetzt, d.h. es wurde angenommen, daß die Polarisation $\vec{P}$ des betrachteten Stoffs in der Richtung des äußeren anregenden elektrischen Felds $\vec{E}$ orientiert ist (s. Gl. (7.31)). Die Polarisierbarkeit konnte unter diesen Voraussetzungen als von der Feldrichtung unabhängige skalare Größe angesetzt werden.

Diese vereinfachenden Annahmen treffen allerdings für die dielektrischen Eigenschaften von Kristallen nicht ohne weiteres zu. Da die Atome oder Ionen eines Kristalls gemäß der jeweiligen Elementarzelle periodisch angeordnet sind, muß sowohl für die Elektronenkonfiguration der Atome als auch für die chemischen Bindungen eine Richtungsabhängigkeit der Polarisierbarkeit berücksichtigt werden. Hieraus ergeben sich wesentliche Konsequenzen, die in diesem Kapitel betrachtet werden sollen.

Grundsätzlich sollen Dämpfungseffekte in diesem Kapitel unberücksichtigt bleiben. Es werden also die Dielektrizitätskonstante ε und damit dann auch die dielektrische Suszeptibilität χ und der Brechungsindex n als reelle Größen aufgefaßt.

8.1 Dielektrischer Tensor

In einem Kristall werden aufgrund der Gitterstruktur der Anordnung der Atome und der räumlichen Bindungen die Polarisierbarkeit und damit auch χ und ε richtungsabhängig sein, also ein tensorielles Verhalten zeigen. Ein anregendes äußeres Feld $\vec{E}$ und die Vektoren $\vec{D}$ und $\vec{P}$ müssen daher auch nicht mehr gleich gerichtet sein. Die ursprünglichen einfachen Ansätze $\vec{D} = \varepsilon\vec{E}$ und $\vec{P} = \varepsilon_0\chi\vec{E}$ müssen folglich dahingehend geändert werden, daß ε und χ jetzt nicht mehr Skalare, sondern entsprechend lineare Abbildungen Φ_ε und Φ_χ sind. Bei einem anisotropen Kristall hat man es daher mit den Abbildungs- oder Tensorgleichungen

$$\vec{D} = \Phi_\varepsilon\vec{E} \tag{8.1}$$

und

$$\vec{P} = \varepsilon_0\Phi_\chi\vec{E} \tag{8.2}$$

zu tun. Der dielektrische Tensor Φ_ε und der Suszeptibilitätstensor Φ_χ werden hinsichlich einer fest gewählten Basis durch reelle 3×3-Matrizen $(\varepsilon_{i,k})$

bzw. $(\chi_{i,k})$ beschrieben, so daß Gl. (8.1) und Gl. (8.2) in die Matrizengleichungen

$$\begin{pmatrix} D_1 \\ D_2 \\ D_3 \end{pmatrix} = \begin{pmatrix} \varepsilon_{1,1} & \varepsilon_{1,2} & \varepsilon_{1,3} \\ \varepsilon_{2,1} & \varepsilon_{2,2} & \varepsilon_{2,3} \\ \varepsilon_{3,1} & \varepsilon_{3,2} & \varepsilon_{3,3} \end{pmatrix} \begin{pmatrix} E_1 \\ E_2 \\ E_3 \end{pmatrix} \tag{8.3}$$

und

$$\begin{pmatrix} P_1 \\ P_2 \\ P_3 \end{pmatrix} = \varepsilon_0 \begin{pmatrix} \chi_{1,1} & \chi_{1,2} & \chi_{1,3} \\ \chi_{2,1} & \chi_{2,2} & \chi_{2,3} \\ \chi_{3,1} & \chi_{3,2} & \chi_{3,3} \end{pmatrix} \begin{pmatrix} E_1 \\ E_2 \\ E_3 \end{pmatrix} \tag{8.4}$$

mit den entsprechenden Koordinaten von $\vec{E}$, $\vec{D}$ und $\vec{P}$ übergehen.

Aus den Maxwellschen Gleichungen für anisotrope Medien und der entsprechenden Energiebilanz ergibt sich die Bedingung

$$\vec{E} \cdot \frac{\partial \vec{D}}{\partial t} = \vec{D} \cdot \frac{\partial \vec{E}}{\partial t}, \tag{8.5}$$

die wegen Gl. (8.1) gleichwertig ist mit (Φ_ε zeitunabhängig)

$$\vec{E} \cdot \left(\Phi_\varepsilon \frac{\partial \vec{E}}{\partial t} \right) = \left(\Phi_\varepsilon \vec{E} \right) \cdot \frac{\partial \vec{E}}{\partial t} \tag{8.6}$$

für alle Felder $\vec{E} = \vec{E}(t)$. Wählt man mit beliebigen Vektoren $\vec{E}_1$, $\vec{E}_2$ den Feldvektor als $\vec{E} = \vec{E}_1 + t\vec{E}_2$, so liefert Gl. (8.6) zur Zeit $t = 0$

$$\vec{E}_1 \cdot \left(\Phi_\varepsilon \vec{E}_2 \right) = \left(\Phi_\varepsilon \vec{E}_1 \right) \cdot \vec{E}_2 , \tag{8.7}$$

und dies besagt, daß Φ_ε eine selbstadjungierte Abbildung ist. Als Konsequenzen erhält man:

Bei Zugrundelegen einer Orthonormalbasis (kartesisches Koordinatensystem) ist die Φ_ε zugeordnete Matrix $(\varepsilon_{i,k})$ symmetrisch, d.h. $\varepsilon_{i,k} = \varepsilon_{k,i}$ für alle Indexpaare.

Zweitens besitzt Φ_ε normierte, paarweise orthogonale Eigenvektoren $\vec{e}_1$, $\vec{e}_2$, $\vec{e}_3$, die die als Hauptachsen bezeichneten Kristallrichtungen bestimmen. Die zu den Eigenvektoren $\vec{e}_i$ gehörenden Eigenwerte ε_i ($i = 1, 2, 3$) sind reell, und der Abbildung Φ_ε entspricht hinsichtlich der Eigenvektorbasis die Diagonalmatrix der Eigenwerte, so daß jetzt also

$$\begin{aligned} D_1 &= \varepsilon_1 E_1 , \\ D_2 &= \varepsilon_2 E_2 , \\ D_3 &= \varepsilon_3 E_3 \end{aligned} \tag{8.8}$$

erfüllt ist. Bei paarweise verschiedenen Eigenvektoren sind die Hauptachsen auch die einzigen Kristallrichtungen, in denen ein Feldvektor $\vec{E}$ und der Vektor $\vec{D} = \Phi_\varepsilon \vec{E}$ gleich gerichtet sind.

Der skalaren Gleichung $\varepsilon = \varepsilon_0(1+\chi)$ entspricht jetzt die Tensorgleichung (id: Identität, Einheitsmatrix)

$$\Phi_\varepsilon = \varepsilon_0 \left(id + \Phi_\chi\right) . \tag{8.9}$$

Wegen

$$\varepsilon_i \vec{e}_i = \Phi_\varepsilon \vec{e}_i = \varepsilon_0 (id + \Phi_\chi)\vec{e}_i = \varepsilon_0 \vec{e}_i + \varepsilon_0 \left(\Phi_\chi \vec{e}_i\right) \tag{8.10}$$

folgt

$$\Phi_\chi \vec{e}_i = \left(\frac{\varepsilon_i}{\varepsilon_0} - 1\right) \vec{e}_i \qquad i = 1, 2, 3 . \tag{8.11}$$

Die Eigenvektoren $\vec{e}_i$ von Φ_ε sind also gleichzeitig Eigenvektoren von Φ_χ, die zugehörigen Eigenwerte χ_i sind auch reell, und es gilt

$$\chi_i = \frac{\varepsilon_i}{\varepsilon_0} - 1 \qquad i = 1, 2, 3 . \tag{8.12}$$

Weiter ist Φ_χ ebenfalls eine selbstadjungierte Abbildung, und die Φ_χ hinsichtlich einer Orthonormalbasis zugeordnete Matrix $(\chi_{i,k})$ ist somit auch symmetrisch.

8.2 Doppelbrechung

Einer der wichtigsten auf der dielektrischen Anisotropie basierenden Effekte ist die Doppelbrechung. Breitet sich eine optische Welle in einem isotropen Medium ($\varepsilon_1 = \varepsilon_2 = \varepsilon_3 = \varepsilon$) aus, so ist ihre Phasengeschwindigkeit $v_p = 1/\sqrt{\mu\varepsilon}$ von der Polarisationsrichtung unabhängig. Anders liegen die Verhältnisse in einem anisotropen Kristall, in dem der Dielektrizitätstensor Φ_ε verschiedene Eigenwerte ε_1, ε_2, ε_3 besitzt. Betrachtet man zunächst den einfachen Fall einer transversalen elektromagnetischen Welle, die sich in Richtung der $\vec{e}_3$-Hauptachse ausbreitet, so ist in der $(\vec{e}_1, \vec{e}_2)$-Ebene lineare Polarisation nur in den Richtungen $\vec{e}_1$ und $\vec{e}_2$ möglich. In diesen Richtungen „sieht“ die Welle die Dielektrizitätszahlen ε_1 bzw. ε_2 und besitzt somit die Phasengeschwindigkeiten $v_{p1} = 1/\sqrt{(\mu\varepsilon_1)}$ bzw. $v_{p2} = 1/\sqrt{(\mu\varepsilon_2)}$. Im Fall $\varepsilon_1 \neq \varepsilon_2$ sind diese Phasengeschwindigkeiten in Richtung der beiden Hauptachsen verschieden, und Phasengeschwindigkeiten in anderen Richtungen der $(\vec{e}_1, \vec{e}_2)$-Ebene können als Linearkombinationen der Geschwindigkeitskomponenten in den Hauptachsenrichtungen gewonnen werden. Dies führt, wie noch genauer ausgeführt wird, auf eine elliptische Polarisation.

Doppelbrechende Kristalle, bei denen transversale Wellen in zwei ausgezeichneten orthogonalen Richtungen unterschiedliche Phasengeschwindigkeiten aufweisen, finden in optischen Komponenten zum Beispiel zur Polarisationstransformation und Lichtmodulation zahlreiche Anwendungen.

Hier soll jetzt noch untersucht werden, wie man die Dielektrizitätszahl $\varepsilon_{\vec{p}}$ bestimmen kann, die eine Welle in der durch den Einheitsvektor $\vec{p}$ gegebenen Polarisationsrichtung „sieht". Wie bisher seien $\vec{e}_1$, $\vec{e}_2$, $\vec{e}_3$ die Eigenvektoren von Φ_ε, durch die die Hauptachsen des Kristalls bestimmt sind. Ist nun $\vec{p}$ ein beliebiger Einheitsvektor, so besitzt er eine eindeutige Darstellung

$$\vec{p} = p_1\vec{e}_1 + p_2\vec{e}_2 + p_3\vec{e}_3 \quad \text{mit} \quad p_1^2 + p_2^2 + p_3^2 = 1\,. \tag{8.13}$$

Wie vorher gezeigt, gehört zu der durch $\vec{e}_i$ bestimmten Richtung der Vektor der Phasengeschwindigkeit

$$\vec{v}_{pi} = \frac{1}{\sqrt{\mu\varepsilon_i}}\vec{e}_i \qquad (i = 1,\, 2,\, 3)\,. \tag{8.14}$$

Entsprechend ist

$$\vec{v}_{p\vec{p}} = \frac{1}{\sqrt{\mu\varepsilon_{\vec{p}}}}\vec{p} \tag{8.15}$$

der zur Richtung $\vec{p}$ gehörende Vektor der Phasengeschwindigkeit, wenn $\varepsilon_{\vec{p}}$ der Wert der Dielektrizitätszahl in dieser Richtung ist. Andererseits gilt

$$\vec{v}_{p\vec{p}} = p_1\vec{v}_{p1} + p_2\vec{v}_{p2} + p_3\vec{v}_{p3}\,, \tag{8.16}$$

also

$$\frac{1}{\sqrt{\mu\varepsilon_{\vec{p}}}}\vec{p} = \frac{p_1}{\sqrt{\mu\varepsilon_1}}\vec{e}_1 + \frac{p_2}{\sqrt{\mu\varepsilon_2}}\vec{e}_2 + \frac{p_3}{\sqrt{\mu\varepsilon_3}}\vec{e}_3\,. \tag{8.17}$$

Übergang zum Quadrat des Betrags liefert nach Kürzung des gemeinsamen Faktors $1/\mu$ ($\vec{e}_1$, $\vec{e}_2$, $\vec{e}_3$ bilden eine Orthonormalbasis)

$$\frac{1}{\varepsilon_{\vec{p}}} = \frac{p_1^2}{\varepsilon_1} + \frac{p_2^2}{\varepsilon_2} + \frac{p_3^2}{\varepsilon_3} = (p_1,\, p_2,\, p_3)\begin{pmatrix} \frac{1}{\varepsilon_1} & 0 & 0 \\ 0 & \frac{1}{\varepsilon_2} & 0 \\ 0 & 0 & \frac{1}{\varepsilon_3} \end{pmatrix}\begin{pmatrix} p_1 \\ p_2 \\ p_3 \end{pmatrix}. \tag{8.18}$$

Die auf der rechten Seite stehende Diagonalmatrix ist gerade die inverse Matrix der Diagonalmatrix der Eigenwerte, ist also der inversen Abbildung Φ_ε^{-1} zugeordnet. Gl. (8.18) ist daher gleichbedeutend mit

$$\frac{1}{\varepsilon_{\vec{p}}} = \vec{p}\cdot\left(\Phi_\varepsilon^{-1}\vec{p}\right)\,. \tag{8.19}$$

Diese Gleichung ist von der speziellen Wahl einer Orthonormalbasis unabhängig: Wenn Φ_ε hinsichtlich einer solchen Basis die Matrix $(\varepsilon_{i,k})$ zugeordnet ist, gilt ebenfalls

$$\frac{1}{\varepsilon_{\vec{p}}} = (p_1^*, p_2^*, p_3^*) \begin{pmatrix} \varepsilon_{1,1} & \varepsilon_{1,2} & \varepsilon_{1,3} \\ \varepsilon_{2,1} & \varepsilon_{2,2} & \varepsilon_{2,3} \\ \varepsilon_{3,1} & \varepsilon_{3,2} & \varepsilon_{3,3} \end{pmatrix}^{-1} \begin{pmatrix} p_1^* \\ p_2^* \\ p_3^* \end{pmatrix}, \tag{8.20}$$

wobei p_1^*, p_2^*, p_3^* jetzt die Koordinaten von $\vec{p}$ hinsichtlich der zugrunde gelegten Orthonormalbasis sind.

8.3 Index-Ellipsoid

Der Zusammenhang zwischen der Dielektrizitätszahl ε und dem Brechungsindex n ist $n^2 = \varepsilon/\varepsilon_0$. Geht man daher im ersten Teil von Gl. (8.18) zu den Brechungsindizes über, so erhält man nach Kürzen des Faktors $1/\varepsilon_0$

$$\frac{1}{n_{\vec{p}}^2} = \frac{p_1^2}{n_1^2} + \frac{p_2^2}{n_2^2} + \frac{p_3^2}{n_3^2}, \tag{8.21}$$

wobei n_1, n_2, n_3 die Brechungsindizes in Richtung der Hauptachsen des Kristalls sind und $n_{\vec{p}}$ der Brechungsindex in der durch den Einheitsvektor $\vec{p}$ gegebenen Richtung ist. Multiplikation mit $n_{\vec{p}}^2$ und Substitution von $x_i = n_{\vec{p}} p_i$ $(i = 1, 2, 3)$ ergibt schließlich

$$\frac{x_1^2}{n_1^2} + \frac{x_2^2}{n_2^2} + \frac{x_3^2}{n_3^2} = 1\,. \tag{8.22}$$

Dies ist die Gleichung eines Ellipsoids, dessen Hauptachsen in die Richtungen der Hauptachsen des Kristalls weisen und bei dem die halben Längen der Hauptachsen gerade durch die Brechungsindizes gegeben sind. Dieses Ellipsoid wird daher auch als Brechungsindex-Ellipsoid oder kürzer als Index-Ellipsoid bezeichnet.

Ist $\vec{x} = (x_1, x_2, x_3)$ der Ortsvektor eines Punkts auf dem Index-Ellipsoid und setzt man $\vec{p} = \frac{1}{|\vec{x}|}\vec{x}$, so ist $\vec{p}$ ein Einheitsvektor, und nach dem Vorangehenden gilt $\vec{x} = n_{\vec{p}}\vec{p}$, also $n_{\vec{p}} = |\vec{x}|$. Die Länge des Ortsvektors ist also gerade der Brechungsindex in der durch den Ortsvektor repräsentierten Kristallrichtung. Wegen Gl. (8.19) ist

$$\vec{x} \cdot \left(\Phi_\varepsilon^{-1}\vec{x}\right) = 1 \tag{8.23}$$

eine von der Basiswahl unabhängige Darstellung des Index-Ellipsoids.

Im vorangehenden Abschnitt wurde nur ein sehr einfacher Fall einer transversalen Welle behandelt, nämlich einer solchen, deren Ausbreitungsrichtung speziell eine Hauptachse des Kristalls war. Mit Hilfe des Index-Ellipsoids kann jetzt die allgemeine Situation einer transversalen Welle untersucht werden, die sich in einer durch einen beliebigen Einheitsvektor $\vec{a}$ gegebenen Richtung ausbreitet. Wegen der Transversalität sind mögliche Polarisationsrichtungen genau die in der Orthogonalebene E zu $\vec{a}$ liegenden. Diese durch den Ursprung gehende Ebene E schneidet das Index-Ellipsoid in einer Ellipse. Die Längen der Ortsvektoren zu Punkten dieser Ellipse liefern jeweils den Brechungsindex n in der entsprechenden Richtung, und die Extremwerte des Brechungsindex werden in den durch die Hauptachsen der Ellipse gegebenen Richtungen angenommen. Die Extremalwerte des Brechungsindex sind also die Längen der Ellipsen-Halbachsen. Die Berechnung der Ellipsenachsen und der Extremwerte des Brechungsindex soll jetzt genauer diskutiert und parallel an einem numerischen Beispiel erläutert werden.

Gegeben seien in dem durch die Kristall-Hauptachsen bestimmten kartesischen Koordinatensystem das Index-Ellipsoid durch Gl. (8.22) und der Einheitsvektor $\vec{a}$ durch seine Koordinaten (a_1, a_2, a_3). Im Beispiel sei

$$n_1 = 2, n_2 = \sqrt{2}, n_3 = 4 \tag{8.24}$$

und

$$(a_1, a_2, a_3) = \tfrac{1}{\sqrt{3}}(1, 1, -1)\,. \tag{8.25}$$

Im ersten Schritt bestimmt man eine Orthonormalbasis der Ebene E, nämlich zwei Einheitsvektoren $\vec{b}$ und $\vec{c}$, die aufeinander und auf $\vec{a}$ senkrecht stehen. (Nach geeigneter Wahl von $\vec{b}$ gilt $\vec{c} = \pm\vec{a} \times \vec{b}$). Im Beispiel sind es etwa die Vektoren

$$\vec{b} = \tfrac{1}{\sqrt{2}}(1, -1, 0) \quad \text{und} \quad \vec{c} = \tfrac{1}{\sqrt{6}}(1, 1, 2)\,. \tag{8.26}$$

Ein beliebiger Vektor $\vec{x}$ aus E besitzt die Form

$$\vec{x} = u\vec{b} + v\vec{c}\,. \tag{8.27}$$

Soll er gleichzeitig Ortsvektor eines Punkts des Index-Ellipsoids sein, so muß er auch Gl. (8.23) erfüllen. Es folgt

$$
\begin{aligned}
1 &= \vec{x}\cdot\left(\Phi_\varepsilon^{-1}\vec{x}\right) = \left(u\vec{b}+v\vec{c}\right)\cdot\left(\Phi_\varepsilon^{-1}\left(u\vec{b}+v\vec{c}\right)\right) \\
&= u^2\vec{b}\cdot\left(\Phi_\varepsilon^{-1}\vec{b}\right)+uv\vec{b}\cdot\left(\Phi_\varepsilon^{-1}\vec{c}\right) \\
&\quad + uv\vec{c}\cdot\left(\Phi_\varepsilon^{-1}\vec{b}\right)+v^2\vec{c}\cdot\left(\Phi_\varepsilon^{-1}\vec{c}\right).
\end{aligned}
\tag{8.28}
$$

Dies ist die Gleichung der gesuchten Schnittellipse in kartesischen Koordinaten u, v der Ebene E, die auch in der Form

$$
(u,v)\mathbf{A}\begin{pmatrix} u \\ v \end{pmatrix} = 1 \tag{8.29}
$$

mit der symmetrischen Matrix

$$
\mathbf{A} = \begin{pmatrix} \vec{b}\cdot\left(\Phi_\varepsilon^{-1}\vec{b}\right) & \vec{c}\cdot\left(\Phi_\varepsilon^{-1}\vec{b}\right) \\ \vec{b}\cdot\left(\Phi_\varepsilon^{-1}\vec{c}\right) & \vec{c}\cdot\left(\Phi_\varepsilon^{-1}\vec{c}\right) \end{pmatrix} \tag{8.30}
$$

geschrieben werden kann. Im Beispiel erhält man

$$
\begin{aligned}
\Phi_\varepsilon^{-1}\vec{b} &= \tfrac{1}{\sqrt{2}}\left(\tfrac{1}{n_1^2},\tfrac{-1}{n_2^2},0\right) &= \tfrac{1}{\sqrt{2}}\left(\tfrac{1}{4},-\tfrac{1}{2},0\right), \\
\Phi_\varepsilon^{-1}\vec{c} &= \tfrac{1}{\sqrt{6}}\left(\tfrac{1}{n_1^2},\tfrac{1}{n_2^2},\tfrac{2}{n_3^2}\right) &= \tfrac{1}{\sqrt{6}}\left(\tfrac{1}{4},\tfrac{1}{2},\tfrac{1}{8}\right)
\end{aligned}
\tag{8.31}
$$

und daher

$$
\mathbf{A} = \begin{pmatrix} \frac{3}{8} & -\frac{1}{8\sqrt{3}} \\ -\frac{1}{8\sqrt{3}} & \frac{1}{6} \end{pmatrix} \approx \begin{pmatrix} 0{,}375 & -0{,}072 \\ -0{,}072 & 0{,}167 \end{pmatrix}. \tag{8.32}
$$

Die Längen der Halbachsen der Ellipse, also die extremalen Brechungsindizes in der Ebene E, sind nun die Quadratwurzeln aus den reziproken Eigenwerten von $\mathbf{A}$, und die Richtungen der Ellipsen-Hauptachsen werden durch die zugehörigen Eigenvektoren geliefert. Im Beispiel ist

$$
f(\lambda) = \lambda^2 - 0{,}5416\lambda + 0{,}05729 \tag{8.33}
$$

das charakteristische Polynom von **A** mit den Eigenwerten $\lambda_1 = 0,3976$ und $\lambda_2 = 0,1441$. Für die extremalen Brechungsindizes folgt

$$n_{\text{min}} = \frac{1}{\sqrt{\lambda_1}} = 1,586 \tag{8.34}$$

und

$$n_{\text{max}} = \frac{1}{\sqrt{\lambda_2}} = 2,634\,. \tag{8.34}$$

Als Koordinaten der zugehörigen Eigenvektoren erhält man (ohne Normierung) zu n_{min} bzw. λ_1 das Wertepaar (0,3126; -1) und zu n_{max} bzw. λ_2 das Wertepaar (1; 0,3126). Dies sind allerdings die Koordinaten in der Ebene E bezüglich der Basis $\{\vec{b}, \vec{c}\}$. Die räumlichen Koordinaten sind

$$\begin{aligned} 3\vec{b} - \vec{c} &= (-0,187; -0,629; -0,816)\,, \\ \vec{b} + 3,222\vec{c} &= (0,835; -0,579; 0,255)\,. \end{aligned} \tag{8.35}$$

Für den einfachen, aber praktisch häufig vorliegenden Spezialfall eines einachsigen Kristalls (Kristall mit nur einer Drehachse der Zähligkeit 3, 4 oder 6 in Richtung $\vec{e}_3$) ergibt sich wegen $n_1 = n_2$ Rotationssymmetrie. Für $\vec{a} = (\sin\vartheta, 0, \cos\vartheta)$, $\vec{b} = (0, 1, 0)$ und $\vec{c} = (\cos\vartheta, 0, -\sin\vartheta)$ folgt unmittelbar der gebräuchliche Ausdruck

$$\mathbf{A} = \begin{pmatrix} \frac{1}{n_1^2} & 0 \\ 0 & \frac{\cos^2\vartheta}{n_1^2} + \frac{\sin^2\vartheta}{n_3^2} \end{pmatrix}. \tag{8.36}$$

In diesem Fall bezeichnet man den in $\vec{b}$-Richtung polarisierten, von ϑ unabhängigen Strahl als „ordentlichen“ Strahl ($n_o = n_1$), während der in $\vec{c}$-Richtung polarisierte Strahl als „außerordentlich“ bezeichnet wird ($n_a(\vartheta) = (\cos^2\vartheta/n_1^2 + \sin^2\vartheta/n_3^2)^{-1/2}$ mit dem extremalen außerordentlichen Brechungsindex $n_a = n_3$).

8.4 Linearer elektrooptischer Effekt

In Abschnitt 8.1 wurde der tensorielle Charakter der Suszeptibilität und der Dielektrizitätszahl in einem dielektrischen Kristall untersucht sowie anschließend auch der Brechzahl-Tensor, zu dessen Beschreibung das Index-Ellipsoid (s. Gl. (8.22)) eingeführt wurde. Im Hinblick auf dieses Ellipsoid ist es nachfolgend zweckmäßig, statt des Brechzahl-Tensors den Tensor der reziproken Brechzahlquadrate zu benutzen, der hinsichtlich der durch die optischen Achsen bestimmten Basis durch die Diagonalmatrix

$$\begin{pmatrix} \frac{1}{n_1^2} & 0 & 0 \\ 0 & \frac{1}{n_2^2} & 0 \\ 0 & 0 & \frac{1}{n_3^2} \end{pmatrix} \tag{8.37}$$

mit den Hauptbrechzahlen n_1, n_2, n_3 beschrieben wird. Hinsichtlich einer anderen Orthonormalbasis hat man es jedoch allgemeiner mit einer symmetrischen Matrix $\mathbf{A} = (a_{i,k})$ mit den positiven Eigenwerten $\frac{1}{n_1^2}, \frac{1}{n_2^2}, \frac{1}{n_3^2}$ zu tun, mit deren Hilfe das Index-Ellipsoid in der Form

$$(x_1, x_2, x_3)\mathbf{A} \begin{pmatrix} x_1 \\ x_2 \\ x_3 \end{pmatrix} = 1 \tag{8.38}$$

dargestellt werden kann.

Ziel dieses Abschnitts ist es nun, den Einfluß eines äußeren elektrischen Felds $\vec{E}$ auf den Brechzahl-Tensor oder gleichwertig auf den Tensor der reziproken Brechzahlquadrate zu untersuchen. Die den Tensor beschreibende Matrix $\mathbf{A}$ ist daher jetzt eine Funktion $\mathbf{A}(\vec{E}) = (a_{i,k}(\vec{E}))$ des Feldvektors. Dabei ist $\mathbf{A}(\vec{E})$ für jeden Feldvektor eine symmetrische Matrix mit positiven Eigenwerten, die gemäß Gl. (8.38) ein Index-Ellipsoid bestimmt, dessen Hauptachsen aber im allgemeinen der Richtung und der Länge nach mit $\vec{E}$ variieren. Für die weiteren Betrachtungen soll als Orthonormalbasis stets die durch die optischen Hauptachsen im feldfreien Fall bestimmte Basis benutzt werden, so daß $\mathbf{A}(\vec{0})$ die Diagonalmatrix aus Gl. (8.37) ist. Für $\vec{E} \neq \vec{0}$ ist aber $\mathbf{A}(\vec{E})$ im allgemeinen keine Diagonalmatrix. Weiter seien immer E_1, E_2, E_3 die Koordinaten von $\vec{E}$ hinsichtlich dieser fest gewählten Basis.

Bei entsprechenden Differenzierbarkeitsvoraussetzungen können die Matrixelemente $a_{i,k}(\vec{E})$ der Matrix $\mathbf{A}(\vec{E})$ in eine Taylor-Reihe entwickelt werden:

$$a_{i,k}(\vec{E}) = a_{i,k}(\vec{0}) + \sum_{\nu=1}^{3} \frac{\partial a_{i,k}(\vec{0})}{\partial E_\nu} E_\nu + \sum_{\mu,\nu=1}^{3} \frac{\partial^2 a_{i,k}(\vec{0})}{\partial E_\mu \partial E_\nu} E_\mu E_\nu + \ldots . \tag{8.39}$$

Die erste Summe auf der rechten Seite beschreibt die lineare Abweichung vom feldfreien Fall, die auch als linearer elektrooptischer Effekt oder

„Pockels-Effekt" bezeichnet wird. Entsprechend drückt die zweite Summe den quadratischen elektrooptischen Effekt oder „Kerr-Effekt" aus. In Matrizenschreibweise folgt aus Gl. (8.39) für die erste Näherung durch den linearen elektrooptischen Effekt

$$\mathbf{A}(\vec{E}) \approx \mathbf{A}(\vec{0}) + E_1\mathbf{A}_1 + E_2\mathbf{A}_2 + E_3\mathbf{A}_3 \tag{8.40}$$

mit den symmetrischen Matrizen

$$\mathbf{A}_\nu = \left(\frac{\partial a_{i,k}(\vec{0})}{\partial E_\nu}\right) \qquad (\nu = 1, 2, 3)\,. \tag{8.41}$$

Diese lineare Approximation besitzt jedoch nur lokalen Charakter. Eine brauchbare Näherung ist nur für kleine Werte von $|\vec{E}|$ zu erwarten. Jedoch konvergiert der Approximationsfehler mit $|\vec{E}|$ gegen Null, was weiter unten bei dem dort durchgeführten Koeffizientenvergleich ausgenutzt wird. Es kommt aber noch ein zweiter Gesichtspunkt hinzu: Die rechte Seite von Gl. (8.40) liefert zwar stets eine symmetrische Matrix, die aber bei größeren Werten von $|\vec{E}|$ unter Umständen nicht mehr nur positive Eigenwerte besitzt, so daß sie auch kein Index-Ellipsoid mehr bestimmt. Da aber $\mathbf{A}(\vec{0})$ lauter echt positive Eigenwerte besitzt, gilt wegen der Stetigkeit der Eigenwerte dasselbe für die rechte Seite von Gl. (8.40) bei hinreichend kleinem Betrag von $\vec{E}$.

Die praktische Handhabung des linearen elektrooptischen Effekts stößt zunächst deswegen auf Schwierigkeiten, weil dazu die Matrizen $\mathbf{A}_1$, $\mathbf{A}_2$, $\mathbf{A}_3$ aus Gl. (8.40) bestimmt werden müssen. Zwar ist jede dieser drei Matrizen wegen ihrer Symmetrie bereits durch sechs ihrer Elemente festgelegt, aber immerhin handelt es sich noch um die experimentelle Bestimmung von 18 Werten.

Tatsächlich reduziert sich diese Aufgabe allerdings durch die Symmetrien des Kristalls in vielen Fällen erheblich, wie die folgenden Überlegungen zeigen. Unmittelbar ergibt sich jedoch $\mathbf{A}_1 = \mathbf{A}_2 = \mathbf{A}_3 = 0$, also das Fehlen eines linearen elektrooptischen Effekts, wenn der Kristall eine Inversions-Symmetrie aufweist: Führt nämlich das Feld $\vec{E}$ in einer bestimmten Richtung zu einer Brechzahländerung $\Delta n \neq 0$, so muß wegen der Linearität des Effekts das Feld $-\vec{E}$ die Brechzahländerung $-\Delta n$ bewirken. Dies aber widerspricht der Inversions-Symmetrie, bei der ja entgegengesetzte Richtungen gleichwertig sind.

Mit der Matrix der rechten Seite in Gl. (8.40) bilde man die zugehörige quadratische Form (linke Seite in Gl. (8.38))

$$(x_1, x_2, x_3)(\mathbf{A}(\vec{0}) + E_1\mathbf{A}_1 + E_2\mathbf{A}_2 + E_3\mathbf{A}_3)\begin{pmatrix} x_1 \\ x_2 \\ x_3 \end{pmatrix}. \tag{8.42}$$

Ist nun Φ eine Decktransformation des Kristalls, so muß diese quadratische Form denselben Wert annehmen, wenn man statt E_1, E_2, E_3 die Koordinaten E_1', E_2', E_3' des Bildvektors $\Phi(\vec{E})$ und gleichzeitig die Koordinaten x_1', x_2', x_3' des Bildpunkts $\Phi(x_1, x_2, x_3)$ einsetzt. Und da $\mathbf{A}(\vec{0})$ die Symmetriebedingung erfüllt, erhält man die Bedingung

$$\begin{aligned} &(x_1, x_2, x_3)(E_1\mathbf{A}_1 + E_2\mathbf{A}_2 + E_3\mathbf{A}_3)\begin{pmatrix} x_1 \\ x_2 \\ x_3 \end{pmatrix} \\ &= (x_1', x_2', x_3')(E_1'\mathbf{A}_1 + E_2'\mathbf{A}_2 + E_3'\mathbf{A}_3)\begin{pmatrix} x_1' \\ x_2' \\ x_3' \end{pmatrix}. \end{aligned} \tag{8.43}$$

Zum Beispiel sei Φ die Drehung um den Winkel α mit der x_3-Achse als Drehachse. Dann gilt

$$\begin{aligned} E_1' &= E_1 \cos\alpha - E_2 \sin\alpha\,, \\ E_2' &= E_1 \sin\alpha + E_2 \cos\alpha\,, \\ E_3' &= E_3 \end{aligned} \tag{8.44}$$

und

$$\begin{aligned} x_1' &= x_1 \cos\alpha - x_2 \sin\alpha\,, \\ x_2' &= x_1 \sin\alpha + x_2 \cos\alpha\,, \; . \\ x_3' &= x_3 \end{aligned} \tag{8.45}$$

Als Bedingung erhält man also hier die Matrizengleichung

$$\begin{aligned} &(x_1, x_2, x_3)(E_1\mathbf{A}_1 + E_2\mathbf{A}_2 + E_3\mathbf{A}_3)\begin{pmatrix} x_1 \\ x_2 \\ x_3 \end{pmatrix} \\ &= (x_1\cos\alpha - x_2\sin\alpha,\, x_1\sin\alpha + x_2\cos\alpha,\, x_3)\big[(E_1\cos\alpha - E_2\sin\alpha)\mathbf{A}_1 \\ &+ (E_1\sin\alpha + E_2\cos\alpha)\mathbf{A}_2 + E_3\mathbf{A}_3\big]\begin{pmatrix} x_1\cos\alpha - x_2\sin\alpha \\ x_1\sin\alpha + x_2\cos\alpha \\ x_3 \end{pmatrix}. \end{aligned} \tag{8.46}$$

Ausmultiplikation, Ordnen nach E_1, E_2, E_3 und nach x_1^2, x_2^2, x_3^2, x_1x_2, x_1x_3, x_2x_3 und anschließender Koeffizientenvergleich führen auf homogene lineare Gleichungen zwischen Elementen der Matrizen $\mathbf{A}_1$, $\mathbf{A}_2$, $\mathbf{A}_3$.

Derartige Gleichungen muß man nun aber für alle Decktransformationen eines Erzeugendensystems der Symmetriegruppe des Kristalls aufstellen, so daß man insgesamt im allgemeinen ein recht umfangreiches System homogener linearer Gleichungen erhält, das die Anzahl der noch zu bestimmenden Matrizenelemente deutlich reduziert. Insbesondere zeigt sich, daß gewisse Matrixelemente verschwinden, andere gleich sein müssen oder sich nur im Vorzeichen unterscheiden dürfen.

Die explizite Durchführung des beschriebenen Verfahrens ist allerdings so aufwendig, daß auf die Angabe eines Beispiels verzichtet werden muß. Die Ergebnisse sind in Tab 8.1 für die verschiedenen Kristall-Symmetrieklassen unter Verwendung der in Kapitel 2 erwähnten Hermann-Mauguin-Symbolik zusammengestellt. Dabei wird folgende Darstellung benutzt: Bezeichnet man für $\nu = 1, 2, 3$ die Elemente der Matrix $\mathbf{A}_\nu$ mit $a_{i,k}^{(\nu)}$, so bedarf es wegen der Symmetrie nur der Bestimmung von $a_{1,1}^{(\nu)}$, $a_{2,2}^{(\nu)}$, $a_{3,3}^{(\nu)}$, $a_{1,2}^{(\nu)}$, $a_{1,3}^{(\nu)}$, $a_{2,3}^{(\nu)}$. Diese Elemente werden in folgender Weise in einer 6×3-Matrix Δ zusammengefaßt, deren Elemente auch mit $r_{i,k}$ bezeichnet werden:

$$\Delta = \begin{pmatrix} a_{1,1}^{(1)} & a_{1,1}^{(2)} & a_{1,1}^{(3)} \\ a_{2,2}^{(1)} & a_{2,2}^{(2)} & a_{2,2}^{(3)} \\ a_{3,3}^{(1)} & a_{3,3}^{(2)} & a_{3,3}^{(3)} \\ a_{2,3}^{(1)} & a_{2,3}^{(2)} & a_{2,3}^{(3)} \\ a_{1,3}^{(1)} & a_{1,3}^{(2)} & a_{1,3}^{(3)} \\ a_{1,2}^{(1)} & a_{1,2}^{(2)} & a_{1,2}^{(3)} \end{pmatrix} = \begin{pmatrix} r_{1,1} & r_{1,2} & r_{1,3} \\ r_{2,1} & r_{2,2} & r_{2,3} \\ r_{3,1} & r_{3,2} & r_{3,3} \\ r_{4,1} & r_{4,2} & r_{4,3} \\ r_{5,1} & r_{5,2} & r_{5,3} \\ r_{6,1} & r_{6,2} & r_{6,3} \end{pmatrix} . \tag{8.47}$$

Einige Werte der elektrooptischen Koeffizienten sind in den Tabellen 8.2 und 8.3 angegeben [YAR 84, Kap. 7; YAR 91, Kap. 9].

Da bei praktischen Anwendungen das elektrische Feld entlang einer Hauptachse orientiert wird und da bei den verbreiteten Materialien wie KDP, Lithiumniobat und GaAs nur wenige Koeffizienten von Null verschieden sind, vereinfacht sich der allgemeine Ansatz wesentlich, so daß die Bestimmung der elektrooptischen Koeffizienten keine wesentlichen Schwierigkeiten bereitet. Für die Diskussion optoelektronischer Bauelemente wie elektrooptischer Modulatoren, Polarisationskonverter und optischer Feldsensoren, und für die Verfahren der Hauptachsentransformation sei auf die Standardwerke der Optoelektronik verwiesen. Auf den folgenden Seiten sind die dielektrischen Tensoren der einzelnen Kristallklassen und die elektrooptischen Koeffizienten bevorzugter Materialien zusammengestellt.

Tab. 8.1: Form des dielektrischen Tensors in Abhängigkeit von der Kristallgeometrie. (· = 0, • ≠ 0, •—• gleiche Koeffizienten, •—o betragsmäßig gleiche Koeffizienten mit entgegengesetztem Vorzeichen, $\vec{a}$ Hauptachse, $\vec{b}$ und $\vec{c}$ Nebenachsen, || parallel, ⊥ senkrecht) [YAR 91, Kap.9].

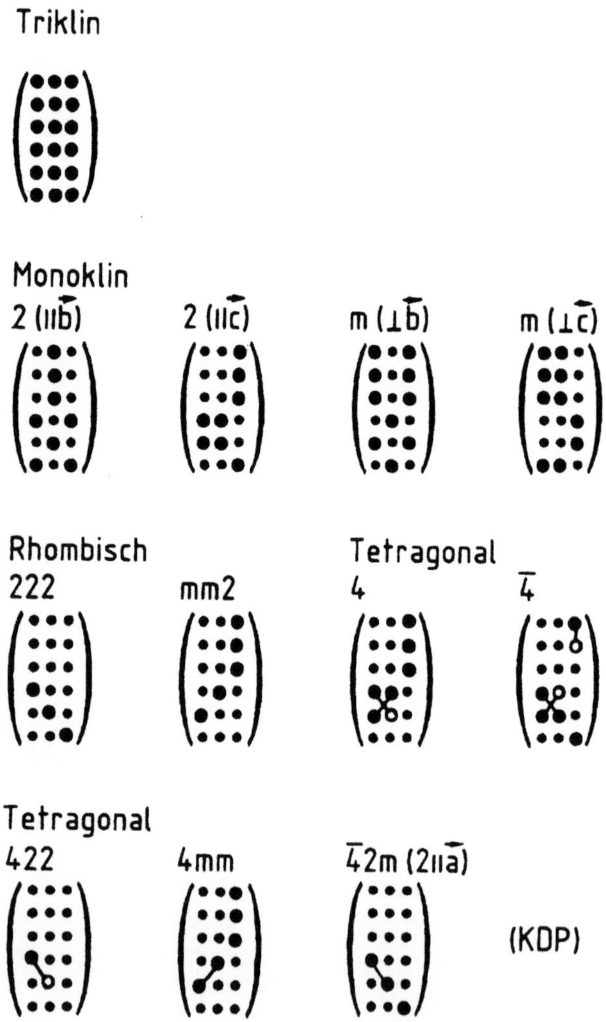

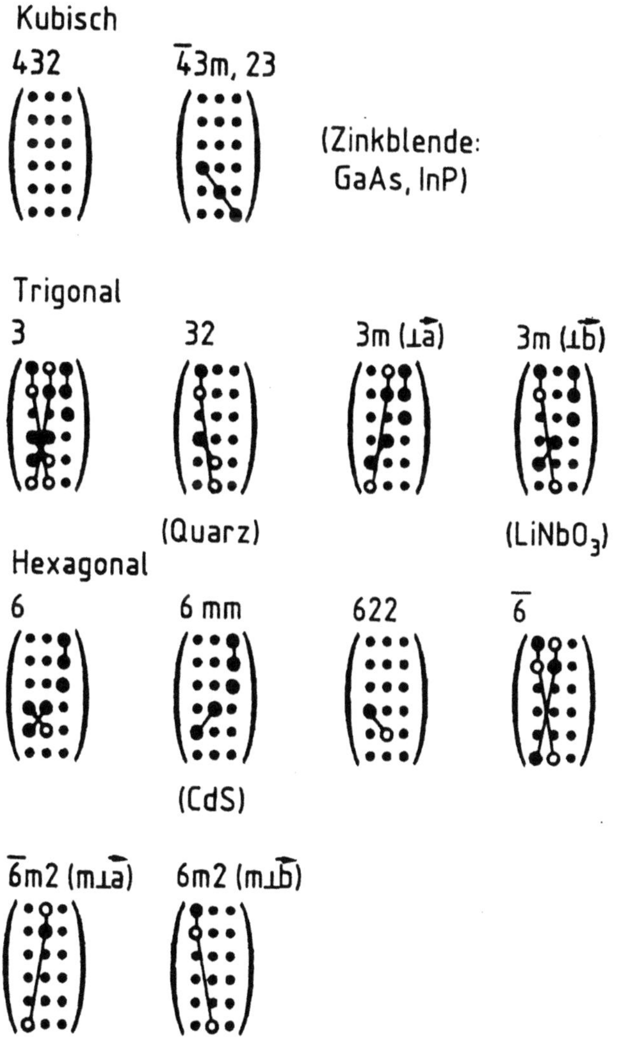
Kubisch
432
$\bar{4}3m$, 23
(Zinkblende:
GaAs, InP)
Trigonal
3
32
3m ($\perp\vec{a}$)
3m ($\perp\vec{b}$)
(Quarz)
($LiNbO_3$)
Hexagonal
6
6 mm
622
$\bar{6}$
(CdS)
$\bar{6}m2$ ($m\perp\vec{a}$)
$\bar{6}m2$ ($m\perp\vec{b}$)

Tab. 8.2: Elektrooptische Koeffizienten einiger Halbleiter für niedrige (DC bis akustische Phononen) und hohe Frequenzen.

Material	Symmetrie	Wellenlänge (μm)	lin. elektroopt. Koeffizienten (10^{-12} m/V)	Brechungs-index
GaAs	$\bar{4}3m$	0,9	$r_{4,1} = 1,2$	3,6
		1,15	$r_{4,1} = 1,43$	3,43
		3,39	$r_{4,1} = 1,24$	3,3
GaP	$\bar{4}3m$	0,633	$r_{4,1} = -0,97$	3,32
		1,15	$r_{4,1} = -1,1$	3,10
		3,39	$r_{4,1} = -0,97$	3,02
InP	$\bar{4}3m$	>0,95	$r_{4,1} = 1,3$	3,41
ZnS	$\bar{4}3m$	0,4	$r_{4,1} = 1,1$	2,52
		0,5	$r_{4,1} = 1,81$	2,42
		0,6	$r_{4,1} = 2,1$	2,36
ZnSe	$\bar{4}3m$	0,548	$r_{4,1} = 2,0$	2,66
		0,633	$r_{4,1} = 2,0$	2,60
CdS	$6mm$	0,589	$r_{5,1} = 3,7$	$n_o = 2,501$
				$n_a = 2,519$
		0,633	$r_{5,1} = 1,6$	$n_o = 2,460$
				$n_a = 2,477$
		1,15	$r_{1,3} = 3,1$	$n_o = 2,320$
			$r_{3,3} = 3,2$	$n_a = 2,336$
			$r_{5,1} = 2,0$	
CdSe	$6mm$	3,39	$r_{1,3} = 1,8$	$n_o = 2,452$
			$r_{3,3} = 4,3$	$n_a = 2,471$

Tab. 8.3: Elektrooptische Koeffizienten gebräuchlicher Kristalle für niedrige (DC bis akust. Phononen) und hohe Frequenzen. ($r_c = r_{33} - n_o^3 r_{13}/n_a^3$) .

Material	Symmetrie	Wellenlänge (μm)	lin. elektroopt. Koeffizienten (10^{-12} m/V)	Brechungs-index
$LiNbO_3$	$3m$	0,633	$r_{1,3} = 9,6$ (8,6)	$n_o = 2,286$
			$r_{2,2} = 6,8$ (3,4)	$n_a = 2,200$
			$r_{3,3} = 30,9$(30,8)	
			$r_{5,1} = 32,6$(28)	
			$r_c = 21,1$	
		1,15	$r_{2,2} = 5,4$	$n_o = 2,229$
			$r_c = 19$	$n_a = 2,150$
		3,39	$r_{1,3} =$ (6,5)	$n_o = 2,136$
			$r_{2,2} = 3,1$ (3,1)	$n_a = 2,073$
			$r_{3,3} =$ (28)	
			$r_{2,2} = 3,1$ (3,1)	
			$r_{5,1} =$ (23)	
			$r_c = 18$	
$LiTaO_3$	$3m$	0,633	$r_{1,3} =$ (6,5)	$n_o = 2,176$
			$r_{2,2} = -0,2$ (1)	
			$r_{3,3} = 30,5$(33)	$n_a = 2,180$
			$r_{5,1} =$(20)	
			$r_c = 22$	
		3,39	$r_{1,3} =$ (4,5)	$n_o = 2,060$
			$r_{2,2} =$ (0,3)	
			$r_{3,3} =$ (27)	$n_a = 2,065$
			$r_{2,2} =$ (0,3)	
			$r_{5,1} =$ (15)	
KH_2PO_4 (KDP)	$\bar{4}2m$	0,546	$r_{4,1} = 8,77$	$n_o = 1,5115$
			$r_{6,3} = 10,3$	$n_a = 1,4698$
		0,633	$r_{4,1} = 8$	$n_o = 1,5074$
			$r_{6,3} = 11$	$n_a = 1,4669$
KD_2PO_4 (KD*P)	$\bar{4}2m$	0,546	$r_{4,1} = 8,8$	$n_o = 1,5079$
			$r_{6,3} = 26,8$	$n_a = 1,4683$
		0,633	$r_{6,3} = 24,1$	$n_o = 1,502$
				$n_a = 1,462$

9 Ferro-, Antiferro- und Ferrielektrika

Bei der Untersuchung der Polarisationsmechanismen wurden lediglich Materialien behandelt, die eine Polarisation nur unter Einwirkung eines elektrischen Feldes aufweisen. In Analogie zur spontanen Magnetisierung beim Ferromagnetismus kann sich in bestimmten Materialien auch ohne Anlegen eines elektrischen Feldes eine spontane Polarisation einstellen. In Anlehnung an die Ferromagnetika werden diese speziellen Dielektrika als Ferroelektrika bezeichnet.

9.1 Ferroelektrika

Im atomaren Bild beruht die Ferroelektrizität auf einer gegenseitigen Polarisation der Moleküle bzw. Ionenpaare. Sie werden im lokalen Feld der Nachbardipole polarisiert und erhöhen so ihrerseits die lokale Feldstärke in diesem Bereich. Dieser Prozeß führt zur Ausbildung kleiner Bereiche spontaner paralleler Polarisation. Sie werden als „Domänen" oder „Weißsche Bezirke" bezeichnet.

Die ferroelektrischen Kristalle gliedern sich in zwei Hauptgruppen, nämlich die Umordnungs- und die Verschiebungsgruppe. Im ersten Fall ist der Übergang in den Zustand spontaner Polarisation mit der Umordnung einzelner Ionen, im zweiten Fall mit der Verschiebung eines ganzen Untergitters einer Ionensorte relativ zum Teilgitter der anderen Ionen verbunden. Als Beispiel für diese zweite Gruppe sei kurz Bariumtitanat ($BaTiO_3$) erwähnt, das in Perowskitstruktur kristallisiert (s. Tab. 9.1): In der kubischen Elementarzelle sind die Ba^{2+}-Ionen an den Würfelecken, die O^{2-}-Ionen im Zentrum der Seitenflächen und das Ti^{4+}-Ion in Würfelmitte angeordnet. Wie in Bild 9.1 dargestellt, führt die Ausbildung der spontanen Polarisation zu einer leichten Deformation des Kristalls. Die positiven Ba^{2+}- und Ti^{4+}-Ionen werden nach oben, die negativen O^{2-}-Ionen dagegen nach unten ausgelenkt ($\Delta(Ba^{2+}) \approx 9\,\mathrm{pm}$, $\Delta(Ti^{4+}) \approx 15\,\mathrm{pm}$, $\Delta(O^{2-}) \approx -3\,\mathrm{pm}$ [SHI 57]). Die Temperaturabhängigkeit der spontanen Polarisation ist in Bild 9.2 dargestellt. Sie setzt unterhalb von $T = 393$ K ein und steigt mit sinkender Temperatur rasch an. Bis $T = 273$ K ist die Polarisation entlang einer Würfelkante gerichtet. Im Intervall $190\,\mathrm{K} \leq T \leq 293\,\mathrm{K}$ weist sie dagegen entlang einer Flächendiagonale und für $T < 190$ K entlang einer Raumdiagonale.

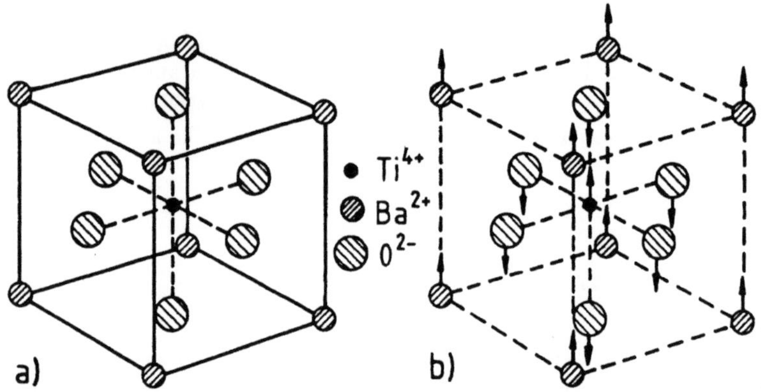

Bild 9.1: Perowskitstruktur von $BaTiO_3$ im unpolarisierten (a) und spontan polarisierten Zustand (b).

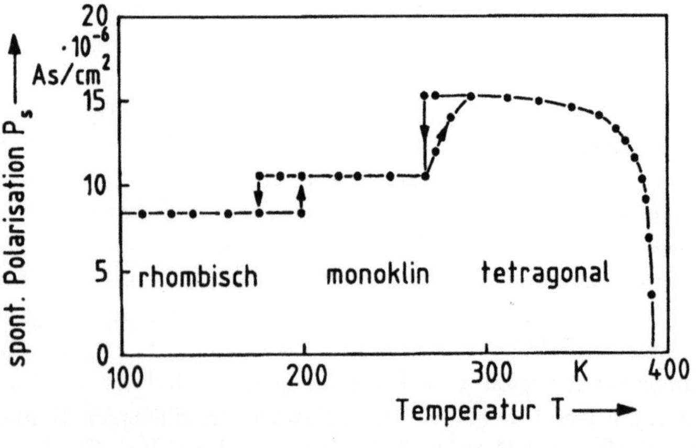

Bild 9.2: Projektion der spontanen Polarisation von $BaTiO_3$ auf eine Würfelkante in Abhängigkeit von der Temperatur [MER 49].

Für eine makroskopische Beschreibung greifen wir auf die Clausius-Mossotti-Beziehung (Gl. (7.58)) zurück, die nach einfacher Umrechnung

$$\underline{\varepsilon}_r - 1 = \frac{\frac{N\underline{\alpha}}{\varepsilon_0}}{1 - \left(\frac{N\underline{\alpha}}{3\varepsilon_0}\right)} \tag{9.1}$$

liefert. Wegen $\vec{P} = \varepsilon_0(\underline{\varepsilon}_r - 1)\vec{E}$ (Gl. (7.26)) ist bei verschwindendem äußeren Feld ($\vec{E} \rightarrow \vec{0}$) eine von Null verschiedene Polarisation nur dann möglich, wenn gleichzeitig $\underline{\varepsilon}_r \rightarrow \infty$ erfüllt ist. Aus Gl. (9.1) folgt damit $N\underline{\alpha}/(3\varepsilon_0) \rightarrow 1$, so daß sich eine kritische Konzentration

$$N_{\text{krit}} = \frac{3\varepsilon_0}{\underline{\alpha}} \tag{9.2}$$

ergibt und außerdem $\underline{\alpha}$ reell sein muß. Dieser Sonderfall einer spontanen Polarisation wird als „Mossotti-Katastrophe" bezeichnet.

Das Auftreten von Ferroelektrizität beinhaltet aber, daß spontane Polarisation nicht nur in einem singulären kritischen Fall auftritt. Und dies bedingt, wie sich zeigen wird, daß bei der Beziehung zwischen dem Betrag p der lokalen Polarisation $\vec{p}$ und dem Betrag E_{lok} des lokalen Feldes $\vec{E}_{lok}$ auch nichtlineare Terme auftreten, die sich zumindest bei größeren Feldstärken auswirken. Diese Nichtlinearität kann sowohl durch den Bindungscharakter (Bindungen mit nichtlinearen Weg-Kraft-Gesetzen und damit unterschiedlichen differentiellen Steifigkeiten außerhalb der Gleichgewichtslage) als auch durch die räumliche Orientierung bedingt sein. Der einfachste Ansatz ist

$$\vec{p} = \alpha\vec{E}_{lok} - \beta|\vec{E}_{lok}|^2\vec{E}_{lok} \quad (\alpha, \beta > 0)\,. \tag{9.3}$$

Ein quadratischer Term kann nicht auftreten, weil ja $\vec{p}(-\vec{E}_{lok}) = -\vec{p}(\vec{E}_{lok})$ erfüllt sein muß. Bei kleinen Feldstärken überwiegt das lineare Glied, weswegen α als Proportionalitätsfaktor zwischen Beträgen positiv ist. Bei höheren Feldstärken sorgen andere Beiträge zum lokalen Feld dafür, daß der Anteil von p etwas geringer wird, so daß auch β positiv ist. Die Gültigkeit von Gl. (9.3) erstreckt sich allerdings nur auf den Bereich, in dem die rechte Seite positiv bleibt. Es sei jetzt $p^\star$ der Betrag einer festen spontanen Polarisation (also $p^\star > 0$) mit dem zugehörigen Betrag $E^\star_{lok}$ des lokalen Feldes. Aus der früher abgeleiteten Gleichung

$$\vec{E}_{lok} = \frac{3\underline{\varepsilon}_r}{2\underline{\varepsilon}_r + 1}\vec{E} + \frac{2(\underline{\varepsilon}_r - 1)}{2\underline{\varepsilon}_r + 1}\frac{N\vec{p}}{3\varepsilon_0} \tag{6.35}$$

ergibt sich für den hier vorliegenden Fall $\vec{E} = \vec{0}$

$$E^{\star}_{lok} = \left|\frac{2(\underline{\varepsilon}_r - 1)}{2\underline{\varepsilon}_r + 1}\right| \frac{Np^{\star}}{3\varepsilon_0} = x \cdot p^{\star} , \tag{9.4}$$

wobei der Faktor x nach Elimination von $\underline{\varepsilon}_r$ mit Gl. (9.1) bzw. Gl. (7.58) den Wert

$$x = \frac{2\alpha\left(\dfrac{N}{3\varepsilon_0}\right)^2}{\left(\dfrac{N\alpha}{3\varepsilon_0}\right) + 1} > 0 \tag{9.5}$$

erhält. Gl. (9.4) ist nicht etwa eine lineare Beziehung, sondern eine Gleichung zwischen festen Werten. Einsetzen von Gl. (9.4) in Gl. (9.3) ergibt

$$p^{\star} = \alpha x p^{\star} - \beta x^3 p^{\star 3} . \tag{9.6}$$

Im Fall $\beta = 0$ würde diese Gleichung wegen $p^{\star} > 0$ nur die Lösung $\alpha x = 1$ besitzen, die sich nachher gerade als Mossotti-Katastrophe erweisen wird. Im Fall $\beta > 0$ gibt es aber noch eine weitere Lösung

$$p^{\star 2} = \frac{\alpha x - 1}{\beta x^3} , \tag{9.7}$$

die wegen $p^{\star} > 0$

$$\alpha x > 1 \tag{9.8}$$

zur Folge hat. Und diese Bedingung ist nicht an einen singulären Fall geknüpft, so daß Ferroelektrizität tatsächlich $\beta > 0$ erfordert. Setzt man Gl. (9.5) in Gl. (9.8) ein, so ergibt sich bei Einbeziehung der Lösung $\alpha x = 1$

$$\frac{2\left(\dfrac{N\alpha}{3\varepsilon_0}\right)^2}{\left(\dfrac{N\alpha}{3\varepsilon_0}\right) + 1} \geq 1 \tag{9.9}$$

als Bedingung für Ferroelektrizität, wobei der Fall des Gleichheitszeichens genau für $N\alpha/(3\varepsilon_0) = 1$, also für $N = N_{krit}$, eintritt und somit die Mossotti-Katastrophe darstellt. Die linke Seite in Gl. (9.9) ist als Funktion der positiven Veränderlichen $N\alpha/(3\varepsilon_0)$ monoton wachsend. Enthält jede Elementarzelle eines Gitters mit der Gitterkonstanten a gerade n Atome, so gilt für die Dichte

$$N = \frac{n}{a^3} . \tag{9.10}$$

Nun ist a temperaturabhängig, nämlich eine mit abnehmendem T fallende Funktion $a(T)$. Daher ist auch die Dichte N eine Funktion $N(T)$, die aber wegen Gl. (9.10) bei fallendem T wächst. Die kritische Dichte $N_{krit} = N(T_c)$ wird bei einer bestimmten Grenztemperatur, der „Curie-Temperatur" T_c, erreicht. Für $T < T_c$ folgt dann $N(T) > N_{krit}$, und wegen Gl. (9.9) und des erwähnten monotonen Verhaltens liegt spontane Polarisation vor, während für $T > T_c$, also $N(T) < N_{krit}$, die Bedingung aus Gl. (9.9) nicht mehr erfüllt ist.

Tritt eine spontane Polarisation P_s auf, so muß Gl. (7.26) erweitert werden zu

$$P - P_s = \chi \varepsilon_0 E \, . \tag{9.11}$$

Es sei noch darauf hingewiesen, daß spontane Polarisation nur bei Verzerrungsmechanismen (atomare Polarisierbarkeit $\underline{\alpha}_a$, Verschiebungspolarisation $\underline{\alpha}_d$) auftritt. Einige ferroelektrische Kristalle, ihre Curie-Temperatur und die spontane Polarisation sind in Tab. 9.1 zusammengestellt.

Tab. 9.1: Eigenschaften ferroelektrischer Kristalle [JON 62].

Verbindung	Curie-Temperatur T_C (K)	Spontane Polarisation P_s (μC/cm^2)	bei T (K)
KH_2PO_4	123	5,3	96
RbH_2PO_4	147	5,6	90
KH_2AsO_4	96	5,0	80
$BaTiO_3$	393	26	296
$KNbO_3$	712	30	523
$PbTiO_3$	763	>50	300
$LiTaO_3$	—	23	720
$LiNbO_3$	1480	300	—

Bei ferroelektrischen Materialien ist die Verschiebungsdichte D nicht mehr eine eindeutige Funktion des von außen angelegten Feldes, sondern man beobachtet Hystereseschleifen. Durch Subtraktion von $\varepsilon_0 E$ erhält man aus dem experimentell ermittelten $D(E)$-Verlauf die gesuchte $P(E)$-Beziehung, die schematisch in Bild 9.3 dargestellt ist.

Der schwache lineare Anstieg der Polarisation bei hohen Feldstärken über die spontane Polarisation hinaus ist auf die durch das äußere Feld hervorgerufene Zusatzpolarisation zurückzuführen. Extrapoliert man diesen linearen Bereich zurück bis $E = 0$, erhält man am Ordinatenschnittpunkt die spontane Polarisation P_s. Wird an eine Probe zunächst ein starkes äußeres Feld angelegt und dann wieder abgeschaltet, geht die Polarisation nicht auf Null zurück, sondern es verbleibt eine Remanenz P_r ($P_r < P_s$). Um die Polarisation aufzuheben, ist die Koerzitivfeldstärke E_c in entgegengesetzter Richtung erforderlich.

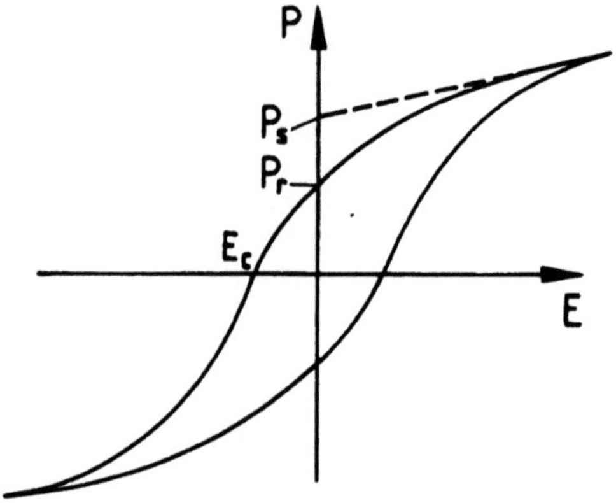

Bild 9.3: Hystereseschleife der Polarisation bei Ferroelektrika.

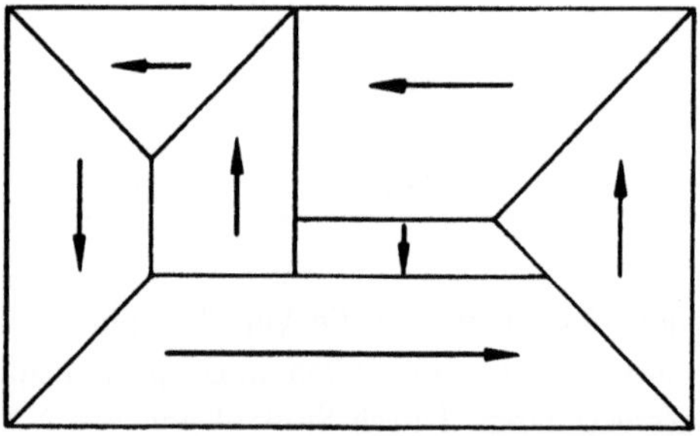

Bild 9.4: 90°- und 180°-Wände zwischen ferroelektrischen Domänen.

Die Ursachen für das Auftreten derartiger Hystereseschleifen sollen abschließend qualitativ erläutert werden. Bereits eingangs wurde erwähnt, daß sich die einheitliche spontane Polarisation meist nicht über den gesamten Kristall, sondern nur über kleine Bereiche, die sogenannten Domänen oder

Weißschen Bezirke, erstreckt. In den angrenzenden Bereichen liegen zwar auch wieder einheitliche Polarisationsrichtungen vor, doch können diese auch antiparallel oder orthogonal ausgerichtet sein. Die Grenze zwischen antiparallelen Polarisationsrichtungen wird als 180°-Wand, die zwischen orthogonalen Polarisationsrichtungen als 90°-Wand bezeichnet. Bild 9.4 verdeutlicht diese Verhältnisse.

Im unpolarisierten Zustand treten Bereiche der unterschiedlichen Polarisationsrichtungen statistisch gleichverteilt auf, so daß sich makroskopisch keine resultierende Polarisation ergibt. Beim Anlegen eines äußeren elektrischen Feldes werden die energetisch ungünstigeren Domänen abgebaut, indem in diesen Bereichen feine Nadeln in der günstigeren Polarisationsrichtung wachsen. Mit steigender Feldstärke bilden sich immer mehr Nadeln aus, bis schließlich die gesamte Domäne umpolarisiert ist. Daher wird makroskopisch ein allmähliches Ansteigen der Polarisation bis zum Wert P_s beobachtet. Ein seitliches Wachsen der Nadeln durch Wandverschiebung findet nicht statt. Das Auftreten der Hystereseschleife kann man durch die Annahme plausibel machen, daß zur Bildung eines Keims eine bestimmte Keimbildungsenergie erforderlich ist.

Bild 9.5 faßt die Ergebnisse noch einmal zusammen: Bei hohen Temperaturen zeigt ein ferroelektrisches Material zunächst keine spontane Polarisation, sondern verhält sich wie ein gewöhnliches Dielektrikum. Die Dielektrizitätskonstante steigt allerdings bei Temperaturerniedrigung drastisch an und divergiert schließlich beim Erreichen der Curie-Temperatur. In Anlehnung an den Paramagnetismus wird dieser Bereich mit $T > T_c$ als paraelektrischer Zustand bezeichnet. Für $T < T_c$ fällt ε_r auf eins ab, während die spontane Polarisation allmählich oder sogar sprunghaft anwächst. Die Ausbildung dieser spontanen Polarisation mit sinkender Temperatur hängt wesentlich von der Art des Phasenübergangs ab. Dies soll hier jedoch nicht weiter vertieft werden.

Ferroelektrika sind sowohl im paraelektrischen als auch im ferroelektrischen Zustand von großer technischer Bedeutung. Eingebunden in Kondensatoranordnungen erlaubt die spontane Polarisation den Verzicht auf äußere Spannungsquellen zum Aufbau erforderlicher elektrischer Felder. Die Temperaturabhängigkeit der spontanen Polarisation, die als pyroelektrischer Effekt bezeichnet wird, wird z.B. für Temperatursensoren und Infrarotdetektoren (Bewegungsmelder) eingesetzt. Aber auch der paraelektrische Bereich in der Nähe der Curie-Temperatur ist von praktischem Interesse, da hier hohe Werte für die Dielektrizitätskonstante erreicht werden. Durch die Einbringung von Lanthan in Bariumtitanat kann z.B. die Curie-Temperatur zu niedrigeren Werten verschoben werden, so daß die Dielektrizitätskonstante bei Raumtemperatur in weiten Bereichen eingestellt werden kann ($\varepsilon_r \approx 15 \ldots$ einige 100). Keramische Substrate aus derartigen paraelektrischen Materialien mit hoher Dielektrizitätskonstante sind für Mikrowellenschaltungen attraktiv, da große Werte von ε_r zu einer Miniaturisierung und damit zur Reduzierung von Verlusten führen. Allerdings wird dieser Vorteil mit einer höheren Temperaturabhängigkeit erkauft.

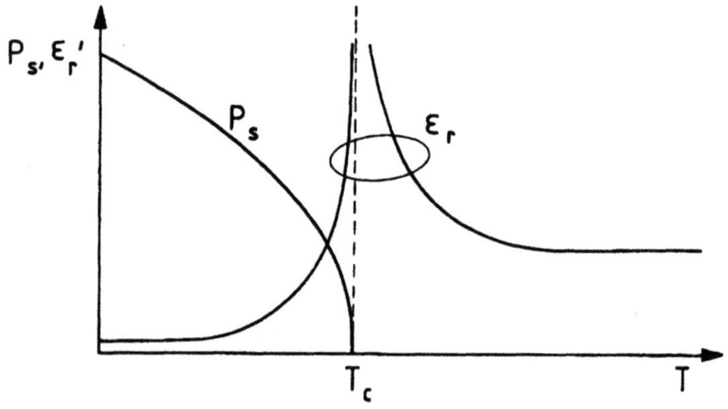

Bild 9.5: Temperaturabhängigkeit der spontanen Polarisation und der Dielektrizitätskonstante eines Ferroelektrikums.

9.2 Antiferro- und Ferrielektrika

Phänomenologisch teilt man die ferroelektrischen Materialien nach ihrer Kristallstruktur und nach ihren Polarisationseigenschaften ein. Einige Substanzen zeigen nur in einer bestimmten kristallographischen Orientierung ferroelektrisches Verhalten, wie z.B. Rochelle-Salz ($NaK(C_4H_4O_6) \cdot 4H_2O$); andere Kristalle sind in allen im unpolarisierten Zustand kristallographisch gleichwertigen Kristallachsen ferroelektrisch. Einige Materialien mit zu Ferroelektrika isomorpher Kristallstruktur zeigen sogenanntes antiferroelektrisches Verhalten: Unterhalb der Curie-Temperatur stellt sich ein Ordnungszustand ein, in dem die einzelnen Moleküle antiparallel zu den Nachbarn polarisiert werden (z.B. $PbZrO_3$). Diese Substanzen haben allerdings keine besondere technische Bedeutung. Dieses Verhalten soll daher nicht eingehender untersucht werden.

Schließlich kann sogar der Fall eintreten, daß ein Kristall in einer Orientierung ferroelektrisches, in einer anderen Orientierung dagegen antiferroelektrisches Verhalten zeigt. Diese Materialien werden üblicherweise als Ferrielektrika bezeichnet (z.B. $NaNbO_3$). Daneben wird dieser Begriff aber auch auf Antiferroelektrika angewandt, sofern die antiparallelen Dipole verschieden starke Dipolmomente aufweisen.

10 Elektromechanische Wechselwirkung

Nachdem in den vorigen Kapiteln die wesentlichen Polarisationsmechanismen diskutiert wurden, soll nun die elektromechanische Wechselwirkung, also z.B. die Deformation eines Kristalls im elektrischen Feld, untersucht werden. Neben der Elektrostriktion werden wir insbesondere die Piezoelektrizität betrachten. Dieser wichtige Effekt findet zahlreiche technische Anwendungen z.B. in Schwingquarzen, Schall- bzw. Ultraschallwandlern und elektromechanischen Mikropositioniereinheiten.

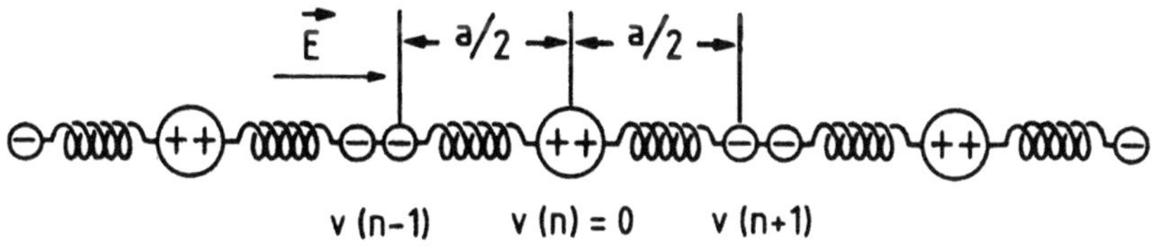

Bild 10.1: Beschreibung der elektromechanischen Wechselwirkung durch ein Feder-Ion-Modell.

Zur Beschreibung dieser Effekte gehen wir wieder von der bereits aus Abschnitt 6 bekannten Modellvorstellung einer linearen Atom- bzw. Ionenkette mit Federkopplung aus. Zusätzlich werden jetzt jedoch nicht konstante, sondern von der Federdehnung abhängige Federsteifigkeiten und auch unterschiedlich starke Bindungen im Kristall berücksichtigt, wie wir es im vorigen Abschnitt kennengelernt haben. Bild 10.1 zeigt eine derartige lineare Ionenkette. Ohne Feld hat das Dipolmoment den Wert Null, da in jeder Elementarzelle der Schwerpunkt der negativen Ladung mit der positiven Ladung zusammenfällt. Im äußeren elektrischen Feld werden die Ionen aus ihrer Ruhelage verschoben. Das neue Gleichgewicht ist erreicht, wenn sich an jedem Ion die äußere Kraft aufgrund des Feldes und die durch Federn dargestellten Bindungskräfte des Gitters kompensieren. Bei der in Bild 10.1 gewählten positiven Feldrichtung wird in jeder Elementarzelle die rechte Feder zusammengedrückt, während die linke Feder gedehnt wird. Nehmen wir in einer beliebigen Elementarzelle das mittlere positive Ion als ortsfest an (Verrückung $v(n) = 0$) und betragen die Verschiebungen des linken Nachbarions $v(n-1)$ bzw. des rechten $v(n+1)$, so ergeben sich mit den Gleichgewichtsabständen $a/2$ die relativen Längenänderungen $2v(n-1)/a$

und $2v(n+1)/a$. (In diesem eindimensionalen Modell werden sowohl die Verschiebungen als auch die Kräfte in positiver x-Richtung positiv gezählt.) Die relative Längenzunahme der gesamten Elementarzelle

$$S = \frac{v(n+1) - v(n-1)}{a} \tag{10.1}$$

entspricht der relativen Längenzunahme des gesamten Kristalls, sofern alle Elementarzellen in gleicher Weise deformiert werden. Als Erweiterung zu Abschnitt 6 lassen wir nun unterschiedliche Bindungskräfte (Bindungstyp I zwischen den Ionen $(n-1)$ und n, Bindungstyp II zwischen den Ionen n und $(n+1)$) und außerdem nichtlineare Weg-Kraft-Gesetze der Verrückungen zu ($\vec{K} = K\vec{e}$ mit Einheitsvektor $\vec{e}$):

$$\begin{aligned}
\text{Bindung I:}\quad v(n) - v(n-1) &= {}^{I}C_1^{-1} \cdot {}^{I}K + {}^{I}C_2^{-1} \cdot {}^{I}K^2 \,, \\
\text{Bindung II:}\quad v(n+1) - v(n) &= {}^{II}C_1^{-1} \cdot {}^{II}K + {}^{II}C_2^{-1} \cdot {}^{II}K^2 \,,
\end{aligned} \tag{10.2a}$$

bzw. für $v(n) = 0$

$$\begin{aligned}
\text{Bindung I:}\quad v(n-1) &= -{}^{I}C_1^{-1} \cdot {}^{I}K - {}^{I}C_2^{-1} \cdot {}^{I}K^2 \,, \\
\text{Bindung II:}\quad v(n+1) &= {}^{II}C_1^{-1} \cdot {}^{II}K + {}^{II}C_2^{-1} \cdot {}^{II}K^2 \,.
\end{aligned} \tag{10.2b}$$

Dieser Ansatz kann als lokale Potenzreihenapproximation eines beliebigen Weg-Kraft-Gesetzes um die Gleichgewichtslage verstanden werden. Da die Dipole der Bindungen I und II entgegengesetzt angeordnet sind, gilt für die Zusammenhänge zwischen Kraft und elektrischer Feldstärke ($\vec{E} = \vec{E}_{lok}$)

$$\begin{aligned}
{}^{I}\vec{K} &= q\vec{E} \,, \\
{}^{II}\vec{K} &= -q\vec{E} \,.
\end{aligned} \tag{10.3}$$

Aus Gl. (10.1) und Gl. (10.2) mit $v(n) = 0$ ergibt sich damit für die relative Längenzunahme

$$S = \frac{1}{a}\left[\left({}^{I}C_1^{-1} - {}^{II}C_1^{-1}\right) qE + \left({}^{I}C_2^{-1} + {}^{II}C_2^{-1}\right)(qE)^2\right] \,. \tag{10.4}$$

10.1 Elektrostriktion

Betrachten wir zunächst den einfachen Fall gleicher Bindungstypen in einer symmetrischen Elementarzelle:

$$\begin{aligned} {}^{I}C_1 &= {}^{II}C_1 \,, \\ {}^{I}C_2 &= {}^{II}C_2 &= C_2 \,. \end{aligned} \tag{10.5}$$

In diesem speziellen Fall heben sich die in E linearen Glieder auf und nur der zu E^2 proportionale zweite Term liefert einen Beitrag zur Längenänderung:

$$S = \frac{2}{a} C_2^{-1} (qE)^2 \,. \tag{10.6}$$

Abhängig vom Vorzeichen von C_2 ergibt sich für die Länge eine Zu- oder Abnahme. Dieser von der Richtung des elektrischen Feldes unabhängige Effekt ist an die Existenz eines nichtlinearen Weg–Kraft–Gesetzes gebunden. Die Erscheinung einer elastischen Verspannung und damit Formänderung durch elektrische Polarisation eines Mediums wird als „Elektrostriktion" bezeichnet.

Der umgekehrte Effekt, nämlich durch eine erzwungene mechanische Längenänderung eine elektrische Polarisation zu verursachen, kann wegen der Symmetrie der Ionenkette nicht existieren: Bei mechanischer Beanspruchung werden beide Federn wegen Gl. (10.5) gleich stark zusammengedrückt bzw. gedehnt, so daß die Ladungsschwerpunkte weiterhin zusammenfallen.

10.2 Piezoelektrizität

Im folgenden gehen wir nun zum allgemeineren Fall unterschiedlicher Bindungstypen über, die Weg–Kraft–Gesetze der Bindungen sollen also verschieden sein:

$${}^{I}C_1 \neq {}^{II}C_1 \,. \tag{10.7}$$

Für die relative Längenänderung gilt jetzt wieder die allgemeine Gleichung

$$S = \frac{1}{a} \left[\left({}^{I}C_1^{-1} - {}^{II}C_1^{-1} \right) qE + \left({}^{I}C_2^{-1} + {}^{II}C_2^{-1} \right) (qE)^2 \right] \,. \tag{10.4}$$

Der zweite, in der Feldstärke quadratische Term beschreibt wiederum die Elektrostriktion. Wenn nun wegen der unterschiedlichen Bindungen ${}^{I}C_1 \neq {}^{II}C_1$ erfüllt ist, kann bei den hier interessierenden Materialien mit starker elektromechanischer Kopplung dieser Beitrag gegenüber dem ersten, in der Feldstärke linearen Term vernachlässigt werden. Wir setzen also näherungsweise

$$S = \frac{1}{a}\left({}^{I}C_1^{-1} - {}^{II}C_1^{-1}\right) qE \, . \tag{10.8}$$

Je nach Feldrichtung ergibt sich also für die Länge eine Zu- bzw. Abnahme. Auch eine Umkehrung dieses Effekts ist möglich: Durch eine erzwungene mechanische Längenänderung folgt eine Polarisation des Mediums. Die beiden Bindungen werden aufgrund der unterschiedlichen Federsteifigkeiten verschieden stark zusammengedrückt bzw. gedehnt, so daß die Ladungsschwerpunkte der positiven bzw. negativen Ionen einer Elementarzelle nicht mehr zusammenfallen. Diese mechanisch induzierte Polarisation wird als „Piezoelektrizität" bezeichnet. Sie ist an einen unsymmetrischen Bindungscharakter in den Elementarzellen geknüpft. Die Elektrostriktion aufgrund nichtlinearer Weg-Kraft-Gesetze überlagert sich gegebenenfalls der Piezoelektrizität.

10.3 Elektromechanische Kopplungsgleichungen

Im vorigen Abschnitt wurde die Längenänderung eines piezoelektrischen Materials durch Anlegen eines elektrischen Feldes untersucht. Andererseits wurde darauf hingewiesen, daß auch durch Anwendung mechanischer Kräfte eine elektrische Polarisation hervorgerufen wird. Diese Kopplung zwischen elektrischen und mechanischen Größen soll im folgenden untersucht werden. Es wird also jetzt die Längenänderung bei gleichzeitiger elektrischer und mechanischer Beanspruchung betrachtet.

Um das Modell von einer einzelnen Ionenkette auf ein Volumen zu erweitern, nehmen wir eine parallele Ausrichtung der Ketten mit n Ketten pro Einheitsfläche senkrecht zur Kettenrichtung an. Wird an eine Probe sowohl ein elektrisches Feld $E = E_{lok}$ als auch eine mechanische Spannung T ($T > 0$: Zug, $T < 0$: Druck) angelegt, so wirken auf die einzelnen Federn die Kräfte

$$\begin{aligned} {}^{I}K &= qE + \frac{1}{n}T \, , \\ {}^{II}K &= -qE + \frac{1}{n}T \, . \end{aligned} \tag{10.9}$$

Vernachlässigen wir wieder die Elektrostriktion, folgt mit Gl. (10.1) und Gl.

(10.2) für die Längenänderung

$$S = \frac{1}{a}\left[\left({}^{I}C_1^{-1} - {}^{II}C_1^{-1}\right) qE + \left({}^{I}C_1^{-1} + {}^{II}C_1^{-1}\right)\frac{1}{n}T\right] . \tag{10.10}$$

Die Verschiebung v^- des Ladungsschwerpunkts der negativen Ionen gegenüber dem positiven Zentralion ist mit Gl. (10.2) und Gl. (10.9) durch

$$\begin{aligned} v^- &= \frac{v(n+1) + v(n-1)}{2} \\ &= -\frac{1}{2}\left({}^{I}C_1^{-1} + {}^{II}C_1^{-1}\right) qE + \frac{1}{2n}\left({}^{II}C_1^{-1} - {}^{I}C_1^{-1}\right) T \end{aligned} \tag{10.11}$$

gegeben. Damit gelten für das Dipolmoment einer einzelnen Elementarzelle

$$p = -2qv^- \tag{10.12}$$

und schließlich für die Polarisation

$$\begin{aligned} P &= Np = -\frac{2nq}{a}v^- \\ &= \frac{nq^2}{a}\left({}^{I}C_1^{-1} + {}^{II}C_1^{-1}\right) E - \frac{q}{a}\left({}^{II}C_1^{-1} - {}^{I}C_1^{-1}\right) T . \end{aligned} \tag{10.13}$$

Für die Verschiebungsdichte $D = \varepsilon_0 E + P$ folgt daher

$$D = \left[\varepsilon_0 + \frac{nq^2}{a}\left({}^{I}C_1^{-1} + {}^{II}C_1^{-1}\right)\right] E + \frac{q}{a}\left({}^{I}C_1^{-1} - {}^{II}C_1^{-1}\right) T . \tag{10.14}$$

In Gl. (10.10) und Gl. (10.14) sind die Längenänderung S und die dielektrische Verschiebung D in Abhängigkeit von der elektrischen Feldstärke E und der mechanischen Spannung T gegeben. Sie bilden also das Gleichungssystem der elektromechanischen Kopplung. In der übersichtlicheren Darstellung

$$S = dE + \frac{1}{c}T , \tag{10.15}$$

$$D = \varepsilon E + dT \tag{10.16}$$

bezeichnen

$$d = \frac{q}{a}\left({}^{I}C_1^{-1} - {}^{II}C_1^{-1}\right) \tag{10.17}$$

die elektromechanische Kopplungskonstante,

$$\frac{1}{c} = \frac{1}{na}\left({}^{I}C_1^{-1} + {}^{II}C_1^{-1}\right) \tag{10.18}$$

den Elastizitätsmodul im feldfreien Zustand ($E = 0$) und

$$\varepsilon = \varepsilon_0 + \frac{nq^2}{a} \left({}^{I}C_1^{-1} + {}^{II}C_1^{-1} \right) \tag{10.19}$$

die Dielektrizitätskonstante im spannungsfreien Zustand ($T = 0$). Löst man das Gleichungssystem nach den äußeren Steuergrößen E und T auf, ergibt sich

$$E = \frac{1}{\tilde{\varepsilon}} D - hS \,, \tag{10.20}$$

$$T = -hD + c'S \,. \tag{10.21}$$

In dieser Darstellung sind

$$\tilde{\varepsilon} = \varepsilon - d^2 c \tag{10.22}$$

die Dielektrizitätskonstante für $S = 0$,

$$c' = c \frac{\varepsilon}{\tilde{\varepsilon}} \tag{10.23}$$

der Elastizitätsmodul im unpolarisierten Zustand ($D = 0$) und

$$h = \frac{dc}{\tilde{\varepsilon}} \tag{10.24}$$

eine elektromechanische Kopplungskonstante. Werden d, c und ε bzw. h, c' und $\tilde{\varepsilon}$ für die jeweiligen Kristalle experimentell bestimmt, kann das elektromechanische Verhalten durch diese aus dem einfachen Modell der Ionenketten gewonnenen Kopplungsgleichungen beschrieben werden.

Das Auftreten der Piezoelektrizität erfordert einen unsymmetrischen Bindungscharakter. Dieser kann unmittelbar in der chemischen Bindung selbst, aber auch in der räumlichen Anordnung der Bindungen begründet sein. Da unterschiedliche Bindungen auch Voraussetzung für die im vorigen Kapitel angesprochene Ferroelektrizität waren, sind alle ferroelektrischen Kristalle auch piezoelektrisch. Ein piezoelektrischer Kristall muß aber dennoch nicht unbedingt ferroelektrisch sein: Quarz (hexagonal) ist piezoelektrisch aber, da alle Bindungen identisch sind, nicht ferroelektrisch. Dieses Verhalten wird an der in Bild 10.2 skizzierten Projektion der Bindungen verdeutlicht.

Während bei Druckbeanspruchung die obere, in Spannungsrichtung orientierte Bindung gestaucht wird, werden die unteren Bindungen quasi verbogen. Die Summe der Dipolmomente verschwindet daher nicht mehr. Die elektromechanische Kopplungskonstante beträgt $d \approx 10^{-7}$ cm/V. Der ferroelektrische Bariumtitanat-Kristall ($BaTiO_3$) erreicht allerdings eine zwei Zehnerpotenzen höhere Kopplungskonstante um $d \approx 10^{-5}$ cm/V. Für sehr viele technische Anwendungen werden aber keine piezoelektrischen Einkristalle sondern piezoelektrische Keramiken eingesetzt, da diese problemlos in beliebigen Bauformen hergestellt werden können. Diese Keramiken sind polykristallin, d.h. sie bestehen aus einer großen Anzahl kleiner Kristallite mit statistisch verteilter Orientierung. Sowohl aus diesem Grund als auch wegen der Domänenstruktur ist ein ferroelektrischer piezokeramischer Körper nach dem Sintern zunächst isotrop und zeigt keinen piezoelektrischen Effekt. Er tritt erst dann in Erscheinung, wenn die elektrischen Dipolmomente der einzelnen Kristallite in eine bestimmte Richtung eingestellt werden. Diese Polarisation wird durch Anlegen eines starken elektrischen Feldes in der gewüschten Richtung erzielt. Die Piezokeramik wird dazu bis nahe an die Curie-Temperatur erhitzt. Die Ausrichtung der Dipolmomente gelingt zwar nicht vollständig, doch erreicht die elektromechanische Kopplungskonstante der Keramik nahezu den Wert des entsprechenden Einkristalls. Häufig verwendete Werkstoffe sind modifizierte Blei-Zirkon-Titanat- und Kalium-Natrium-Niobat-Verbindungen.

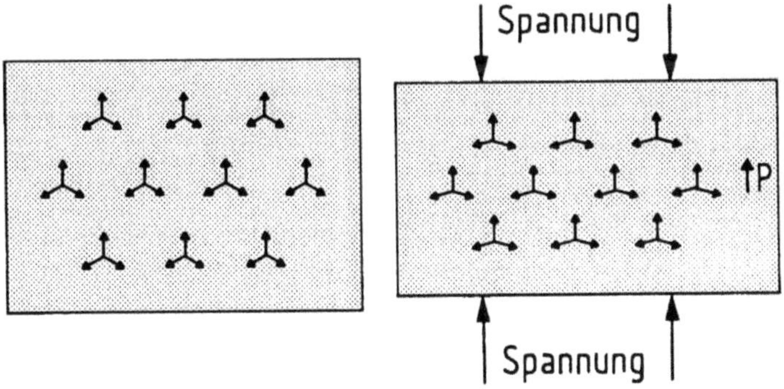

Bild 10.2: Orientierung der Bindungen im Quarzkristall.

Die elektromechanische Kopplung findet zahlreiche verschiedenartige Anwendungen. Als elektromechanische Wandler werden Piezokeramiken zur Anregung von Schall- und Ultraschallwellen (Sender) aber auch in umgekehrter Richtung als Empfänger (Mikrophon, Tonabnehmer, Sensoren) eingesetzt. Zur hochpräzisen mechanischen Positionierung gewinnen Piezoelemente immer mehr an Bedeutung. Die älteste und wichtigste Anwendung ist jedoch der Schwingquarz zur Frequenzstabilisierung von Oszillatoren. Durch Elektroden auf einem geeigneten Quarzkristall können elektrische Wechselsignale in mechanische Schwingungen umgewandelt werden. Der Quarzkristall bildet dabei einen mechanischen Resonator sehr hoher Güte. Durch geeignete Kristallorientierung wird zusätzlich eine sehr geringe Temperaturabhängigkeit erzielt.

11 Dielektrische Eigenschaften von Halbleitern

In den vorangegangenen Kapiteln wurden die dielektrischen Eigenschaften von Isolatoren eingehend untersucht. Halbleiter, die sich, wie in Abschnitt 1 erläutert, von Isolatoren prinzipiell nur durch einen geringeren Bandabstand unterscheiden, blieben dabei nahezu unberücksichtigt. Aber gerade die reduzierte Bandlückenenergie W_g, die u.a. die thermische Anhebung von gebundenen Elektronen aus dem Valenzband ins Leitungsband und damit die Ausbildung eines freien Ladungsträgergases ermöglicht, bedingt wesentliche zusätzliche Effekte, die bei den dielektrischen Eigenschaften berücksichtigt werden müssen. Insbesondere aufgrund der wachsenden Bedeutung der integrierten Mikrowellentechnik, der Optoelektronik und der integrierten Optik ist eine einfache Beschreibung der dielektrischen Eigenschaften durch eine statische bzw. optische Dielektrizitätskonstante nicht ausreichend. In diesem Abschnitt sollen daher die besonderen Merkmale der dielektrischen Eigenschaften von Halbleitern untersucht werden.

11.1 Fundamentalabsorption

Im Gegensatz zu Isolatoren mit Bandabstandsenergien von vielen eV bewegt sich der Bandabstand W_g üblicher Halbleiter, wie in Abschnitt 5 dargestellt, nur um 1 eV. Die zugehörige Bandkantenwellenlänge λ_g fällt daher in den nahen infraroten oder sogar sichtbaren Spektralbereich. Für viele Anwendungen in der Optoelektronik und optischen Nachrichtentechnik ist folglich eine genaue Kenntnis der dielektrischen Eigenschaften erforderlich.

Wir wollen uns zunächst mit der Absorption einer elektromagnetischen Welle in einem Halbleiter, also mit dem Imaginärteil $\varepsilon_0\underline{\varepsilon}_r''$ der Dielektrizitätskonstante befassen. Betrachten wir eine elektromagnetische Strahlung der Wellenlänge λ, so gilt für die Photonenenergie

$$\hbar\omega = \frac{hc}{\lambda} = \frac{1,2398\,\mathrm{eV}}{\lambda/\mu\mathrm{m}} \,. \tag{11.1}$$

Wird ein Elektron durch Absorption eines Photons angeregt, also aus einem Zustand der Energie W_1 in einen Zustand der Energie W_2 angehoben, so erfordert die Energieerhaltung

$$\hbar\omega = W_2 - W_1 \,, \tag{11.2}$$

sofern keine weiteren Wechselwirkungspartner beteiligt sind. Betrachten wir einen undotierten Halbleiter bei $T \to 0$ K, so ist das Valenzband vollständig besetzt, während im Leitungsband keine freien Ladungsträger vorhanden sind. Der angesprochene Anregungsprozeß eines Elektrons durch Absorption eines Photons kann daher nur für

$$\hbar\omega = W_2 - W_1 \geq W_g \tag{11.3}$$

auftreten. Da das angeregte Elektron einen unbesetzten Zustand im Valenzband, also ein Defektelektron bzw. Loch zurückläßt, entsteht ein Elektron-Loch-Paar mit frei beweglichen Ladungsträgern. Dieser in Bild 11.1 schematisch dargestellte Absorptionsprozeß wird als Fundamentalabsorption bezeichnet.

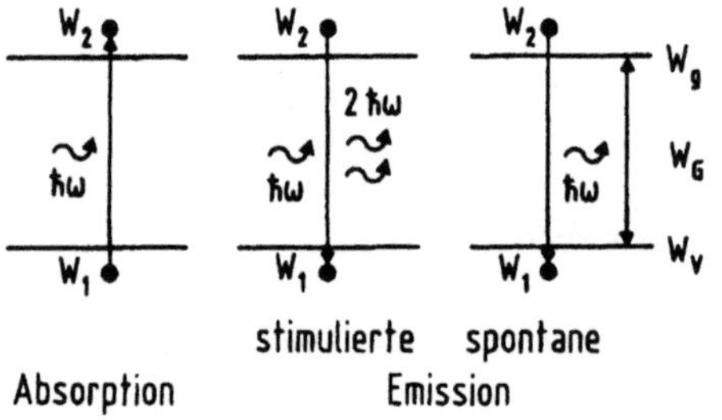

Bild 11.1: Absorption, stimulierte und spontane Emission bei Interbandübergängen.

Der Absorptionskoeffizient $\alpha(\lambda)$ nach Gl. (7.14) steigt in einem sehr engen Spektralbereich in Bandkantennähe von $\alpha < 10\ \text{cm}^{-1}$ auf $\alpha \gg 10^4\ \text{cm}^{-1}$ an. Diese optische Charakterisierung des Absorptionsverhaltens ist ein wichtiges Hilfsmittel zur Bestimmung des Bandabstands. In Bild 11.2 sind Absorptionsspektren einiger Element- und Verbindungshalbleiter zusammengestellt. Auffällig ist der relativ flache Verlauf der Absorptionskanten der Elementhalbleiter verglichen mit den sehr scharfen Absorptionskanten der hier dargestellten Verbindungshalbleiter. Dies ist auf die indirekte Bandstruktur der Elementhalbleiter zurückzuführen: Für die Anregung eines Elektrons aus dem Valenzbandmaximum ins Leitungsbandminimum ist nämlich nicht nur die Energiedifferenz W_g zu überwinden, sondern es ist auch eine Impulsänderung erforderlich. Während die Energie durch ein Photon bereitgestellt werden kann, ist aber dessen Impuls $p = h/\lambda$ vernachlässigbar gering.

Für diesen indirekten Übergang ist daher die Mitwirkung eines Phonons zur Impulserhaltung erforderlich. Dieser Übergang mit drei beteiligten Wechselwirkungspartnern ist aber unwahrscheinlicher als der direkte Übergang mit zwei Wechselwirkungspartnern.

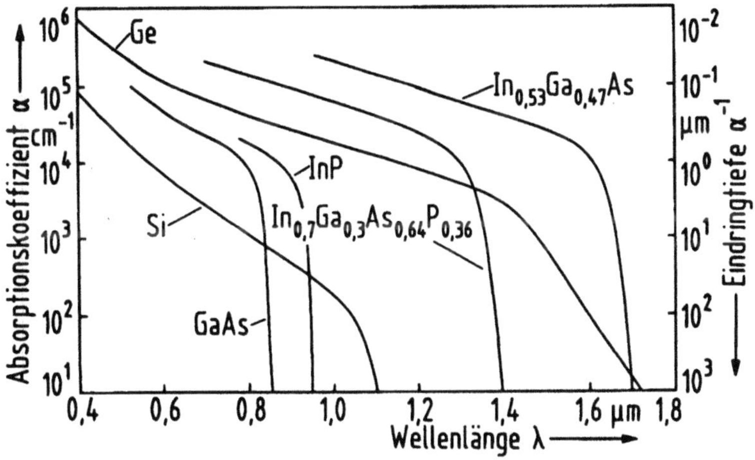

Bild 11.2: Absorptionsspektren einiger Element- und Verbindungshalbleiter [SZE 81, Kap. 13; KOW 83].

Wir haben die Betrachtung bisher auf die Generation eines Elektron-Loch-Paars durch Absorption eines Photons beschränkt. Ein Prozeß in umgekehrter Richtung, also die Rekombination eines Elektron-Loch-Paars unter Emission eines Photons, wird als spontane Emission bezeichnet. Auf diesem Lumineszenzmechanismus basieren z.B. Leuchtdioden (LED). Wird dieser strahlende Rekombinationsprozeß durch ein zusätzliches Photon induziert, spricht man von stimulierter Emission. Dieser wichtige Effekt bildet die Grundlage für Lasertätigkeit. Alle drei Mechanismen der Interbandübergänge sind in Bild 11.1 zusammengestellt.

11.2 Absorption durch freie Ladungsträger, Plasmaeffekt

Im Spektralbereich $\hbar\omega < W_g$ sollten Halbleiter vollständig transparent sein, da keine Valenzband-Leitungsband-Übergänge angeregt werden können. Dies ist allerdings in guter Näherung nur für undotierte Halbleiter bei $T \to 0$ K erfüllt. Bei $T > 0$ K verschwinden aufgrund der thermischen

Anregung die Elektronenkonzentration im Leitungsband und die Löcherkonzentration im Valenzband gemäß der Fermi-Statistik nicht mehr. Wie eine einfache Modellbetrachtung zeigen soll, beeinflussen diese freien Ladungsträger die dielektrischen Eigenschaften.

Das Verhalten des Elektronengases, das durch eine elektromagnetische Welle angeregt wird, soll wieder durch eine Bewegungsgleichung der klassischen Mechanik beschrieben werden. Die Dämpfung der Elektronenbewegung wird durch eine Intrabandrelaxationszeit τ_{in} berücksichtigt. Da das Elektron an kein Gitteratom gebunden ist, tritt auch keine Rückstellkraft auf, so daß die Bewegungsgleichung folgende einfache Form annimmt:

$$m_0\ddot{\vec{x}} + \frac{m_0}{\tau_{in}}\dot{\vec{x}} = -q\vec{E}(t)\ . \tag{11.4}$$

Für die Anregung ($\vec{E} = \vec{E}_{lok}$)

$$\vec{E}(t) = \hat{\vec{E}}e^{-j\omega t} \tag{11.5}$$

ergibt sich im eingeschwungenen Zustand

$$\vec{x}(t) = \hat{\vec{x}}e^{-j\omega t} \tag{11.6}$$

mit

$$\hat{\vec{x}} = \frac{q\hat{\vec{E}}}{m_0\left(\omega^2 + \dfrac{j\omega}{\tau_{in}}\right)}\ .$$

Ist $n^\star$ die Dichte der freien Elektronen, so folgt für die Polarisation

$$\vec{P}(t) = \hat{\vec{P}}e^{-j\omega t} = -n^\star q\hat{\vec{x}}e^{-j\omega t} \tag{11.7}$$

mit

$$\hat{\vec{P}} = \frac{-n^\star q^2}{m_0\left(\omega^2 + \dfrac{j\omega}{\tau_{in}}\right)}\hat{\vec{E}}\ . \tag{11.8}$$

Fassen wir alle anderen Polarisationsbeiträge in $\underline{\varepsilon}_r^\star$ zusammen, so gilt für die dielektrische Verschiebung

$$\vec{D} = \varepsilon_0\underline{\varepsilon}_r^\star\vec{E} + \vec{P} = \varepsilon_0\underline{\varepsilon}_r\vec{E} \tag{11.9}$$

und damit für die Dielektrizitätskonstante

$$\underline{\varepsilon}_r = \underline{\varepsilon}_r^\star - \frac{n^\star q^2}{\varepsilon_0 m_0 \left(\omega^2 + \frac{j\omega}{\tau_{in}}\right)} . \tag{11.10}$$

Führen wir die Plasmakreisfrequenz

$$\omega_p = \sqrt{\frac{n^\star q^2}{\varepsilon_0 m_0}} \tag{11.11}$$

ein, so folgt mit Gl. (7.19) und Gl. (7.20) für Real- und Imaginärteil

$$\varepsilon_r' = n^2 - \kappa^2 = \underline{\varepsilon}_r'^\star - \frac{\omega_p^2 \omega^2}{\omega^4 + \left(\frac{\omega}{\tau_{in}}\right)^2} , \tag{11.12}$$

$$\varepsilon_r'' = 2n\kappa = \frac{\omega_p^2 \left(\frac{\omega}{\tau_{in}}\right)}{\omega^4 + \left(\frac{\omega}{\tau_{in}}\right)^2} . \tag{11.13}$$

Für schwache Dämpfung ($\omega \gg \tau_{in}^{-1}$, $n \gg \kappa$) vereinfachen sich diese Ausdrücke zu

$$n^2 \approx \underline{\varepsilon}_r'^\star - \frac{\omega_p^2}{\omega^2} , \tag{11.14}$$

$$2n\kappa \approx \frac{\omega_p^2}{\omega^3 \tau_{in}} . \tag{11.15}$$

Aus Gl. (11.15) folgt für den Extinktionskoeffizient

$$\kappa = \frac{\omega_p^2}{2n\omega^3 \tau_{in}} = \frac{n^\star q^2}{2\varepsilon_0 m_0 n(\omega) \omega^3 \tau_{in}} \sim n^\star \tag{11.16}$$

und damit für den Absorptionskoeffizient nach Gl. (7.14)

$$\alpha = \frac{4\pi\kappa}{\lambda} \sim n^\star . \tag{11.17}$$

Das Elektronengas verursacht also eine zur Ladungsträgerdichte $n^\star$ proportionale Dämpfung. Dieses Absorptionsverhalten im Spektralbereich $\lambda > \lambda_g$ ist in Bild 11.3 dargestellt.

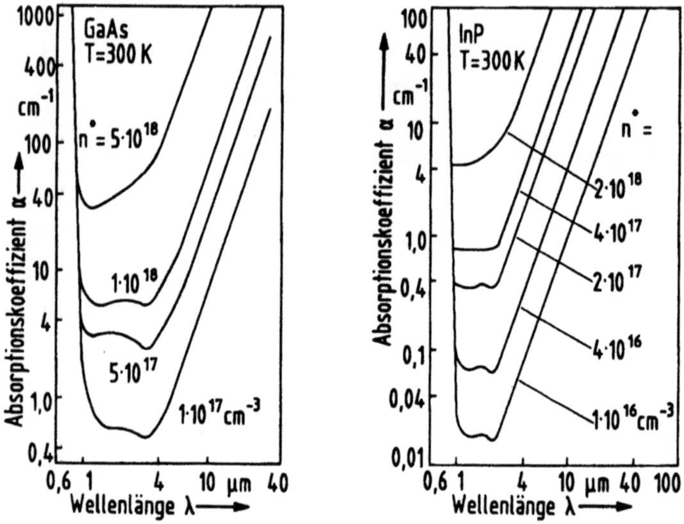

Bild 11.3: Absorptionsspektren im Bereich der Absorption durch freie Ladungsträger [FIE87].

Die Wellenlängenabhängigkeit wird jedoch durch dieses einfache Modell nicht zutreffend beschrieben. Die Beeinflussung der Brechzahl n können wir aus Gl. (11.14) unter Berücksichtigung von Gl. (11.11) abschätzen:

$$n \approx \left(\varepsilon_r'^{\star} - \frac{\omega_p^2}{\omega^2}\right)^{1/2} = \left(\varepsilon_r'^{\star} - \frac{n^\star q^2}{\varepsilon_0 m_0 \omega^2}\right)^{1/2} . \qquad (11.18)$$

Für die Brechzahländerung bei Variation der Ladungsträgerkonzentration $n^\star$ erhalten wir schließlich

$$\frac{\partial n}{\partial n^\star} \approx -\frac{q^2}{2\varepsilon_0 m_0 n \omega^2} = -\frac{q^2 \lambda^2}{8\pi^2 \varepsilon_0 m_0 n c^2} . \qquad (11.19)$$

Der Brechungsindex sinkt also mit steigender Ladungsträgerkonzentration. Dieses Verhalten läßt sich experimentell gut bestätigen. Es wird als Plasmaeffekt bezeichnet und findet in optoelektronischen Bauelementen Anwendung zur Phasenmodulation von Lichtwellen. Bild 11.4 zeigt den Plasmaeffekt in InP. Das hier für Elektronen formulierte Modell kann natürlich unmittelbar auf Löcher übertragen werden.

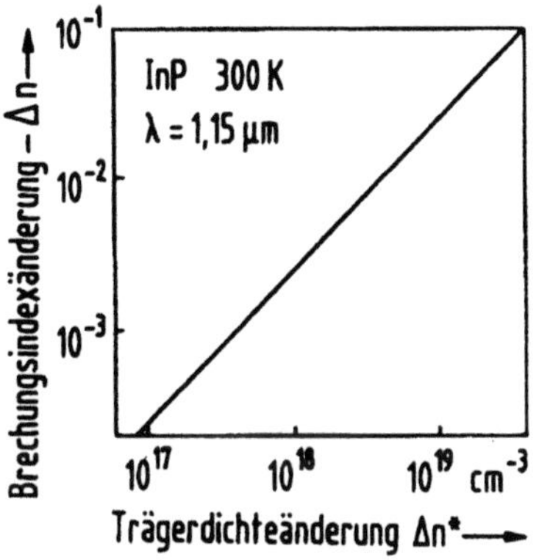

Bild 11.4: Brechungsindexänderung aufgrund des Plasmaeffekts.

11.3 Reststrahlenbande

Bisher wurden die optischen Eigenschaften von Halbleitern nur in Bandkantennähe betrachtet, da dieser Spektralbereich für Anwendungen in der Optoelektronik von vorrangigem Interesse ist. Aber auch der Beitrag der Verschiebungspolarisation kann in Halbleitern mit ionogenem Bindungscharakter, also in III-V– bzw. II-VI–Verbindungshalbleitern deutlich beobachtet werden, nicht aber in den kovalenten Elementhalbleitern. Im Spektralbereich der Gitterschwingungen zeigt sich ein scharfes Resonanzverhalten, das insbesondere auf die Wechselwirkung mit polaren optischen Phononen zurückzuführen ist. Der Brechungsindex steigt, wie in Bild 11.5 angedeutet, je nach Halbleitermaterial auf über zehn an, um dann unmittelbar auf nahezu Null abzusinken. Im Absorptionsspektrum ist diese Resonanz mit einer scharfen Absorptionsspitze verbunden. Der Spektralbereich dieser Phononenwechselwirkung wird als „Reststrahlenbande" bezeichnet. Sie liegt, wie aus Tab. 5.2 ersichtlich, im Wellenlängenbereich von einigen 10 μm. Da Elementhalbleiter einen rein kovalenten Bindungscharakter aufweisen, kann eine elektromagnetische Welle mit den neutralen Gitteratomen nicht in Wechselwirkung treten. Daher wird bei diesen Halbleitern auch keine Reststrahlenbande beobachtet.

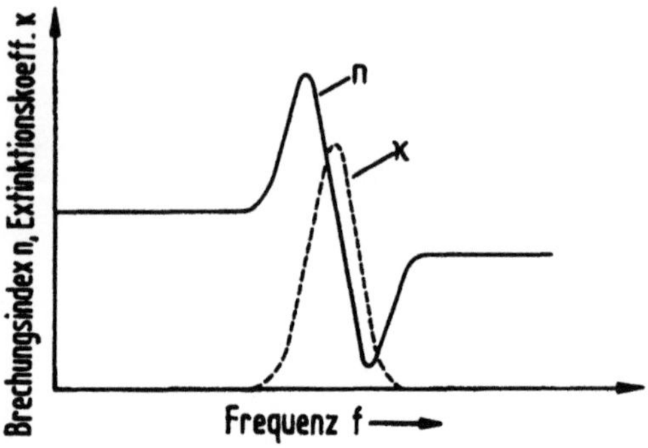

Bild 11.5: Brechungsindex- und Absorptionsspektrum im Bereich der Reststrahlenbande [PAL 85].

11.4 Brechzahlspektren einiger wichtiger Halbleiter

Zum Abschluß der Untersuchung der dielektrischen Eigenschaften von Halbleitern sollen einige charakteristische Brechzahlspektren diskutiert werden.

Nach der Diskussion der Polarisationsmechanismen in Kap.7 sollte zur Beschreibung des Brechzahlspektrums die Berücksichtigung der atomaren Polarisierbarkeit $\underline{\alpha}_a$ im kurzwelligen Spektrum bis hinab in den Bereich der Phononenenergien (Reststrahlenbande) genügen. Erst in diesem fernen infraroten Spektralbereich kommen dann zusätzlich die Gitterschwingungen zum Tragen. Für die häufig besonders interessierenden Wellenlängen unterhalb der Reststrahlenbande sollte zur Beschreibung des Brechungsindex in Anlehnung an Gl. (7.68) ein einfaches sogenanntes „Ein-Oszillator-Modell" mit der Resonanzcharakteristik

$$n^2(\hbar\omega) - 1 = \chi(\hbar\omega) = \frac{W_o W_d}{W_o^2 - (\hbar\omega)^2} \tag{11.20}$$

genügen, wobei W_o die Energie der Resonanz, W_d die Oszillatorstärke und $\hbar\omega$ die Photonenenergie beschreiben. Anpassung an experimentelle Ergebnisse liefert z.B. für GaAs etwa $W_o = 3,65$ eV und $W_d = 36,1$ eV und für AlAs $W_o = 4,7$ eV und $W_d = 33,65$ eV.

Dieser einfache Ansatz liefert jedoch für viele Fragestellungen und insbesondere für die Gestaltung optoelektronischer Bauelemente nicht die erforderliche Genauigkeit, da z.B. für die Dimensionierung von Wellenleitern Abweichungen im Prozentbereich bereits wesentliche Störungen verursachen.

Insbesondere in Bandkantennähe bedingt die Absorption über die Kramers-Kronig-Relation einen deutlichen Beitrag zum Brechzahlspektrum. Im Hinblick auf die praktischen Erfordernisse wurden daher zahlreiche wesentlich verfeinerte Modelle mit in der Regel halb empirischen Ansätzen entwickelt. Im folgenden werden einige gebräuchliche Beziehungen für die Dispersionsrelationen der Elementhalbleiter Si und Ge und der Verbindungshalbleiter GaAs, InP und InAs zusammengestellt. Im Hinblick auf photonische Komponenten werden abschließend die Brechzahlspektren der Materialsysteme $Al_xGa_{1-x}As$ und $In_{1-x}Ga_xAs_yP_{1-y}$ diskutiert.

Betrachten wir zunächst die Elementhalbleiter. Die Wellenlängenabhängigkeiten der Brechzahlen der beiden wichtigsten Vertreter, nämlich Si und Ge, im Spektralbereich von 0,1 μm bis 100 μm sind in den Bildern 11.6 und 11.7 dargestellt [PAL 85]. Si zeigt ein ausgeprägtes Maximum bei etwa $\lambda = 0,37\,\mu\text{m}$ ($\hbar\omega = 3,35$ eV). Es wird durch den direkten Übergang zwischen Valenz- und Leitungsband verursacht. Zu größeren Wellenlängen sinkt die Brechzahl monoton ab. Der indirekte Übergang bei $\lambda_g = 1,2\,\mu\text{m}$ zeigt keinen wesentlichen Einfluß. Im transparenten Spektralbereich oberhalb der Bandkanten ($\lambda > \lambda_g$) kann die monoton fallende Brechzahl mit sehr hoher Genauigkeit z.B. durch die „Sellmeier-Dispersionsrelation“ [LI 80]

$$n^2 = 11,6858 + 0,61142\left(\frac{\hbar\omega}{\text{eV}}\right)^2 + \frac{1,0164\cdot 10^{-2}}{(1,1199)^2 - \left(\frac{\hbar\omega}{\text{eV}}\right)^2} \qquad (11.21)$$

beschrieben werden.

Das Verhalten von Ge ist ähnlich: Auch hier können höhere direkte Band-Band-Übergänge als Brechzahlspitzen beobachtet werden, während der indirekte Übergang bei $\lambda_g = 1,88\,\mu\text{m}$ ($\hbar\omega = 0,66$ eV) nicht in Erscheinung tritt. Als Näherungsformel für $2\,\mu m < \lambda < 40\,\mu m$ wird üblicherweise die Beziehung [ICE 76; BAR 79]

$$n^2 = 9,23928 + \frac{23,834}{(1,873)^2 - \left(\frac{\hbar\omega}{\text{eV}}\right)^2} + \frac{8,554\cdot 10^{-5}}{(1,99012\cdot 10^{-2})^2 - \left(\frac{\hbar\omega}{\text{eV}}\right)^2} \qquad (11.22)$$

angegeben.

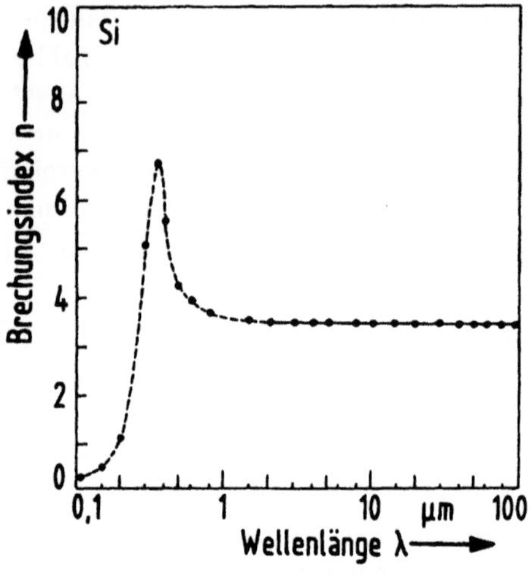

Bild 11.6: Brechzahlspektrum von Si. Experimentelle Ergebnisse (Punkte) und Näherung nach Gl. (11.21) (durchgezogene Kurve).

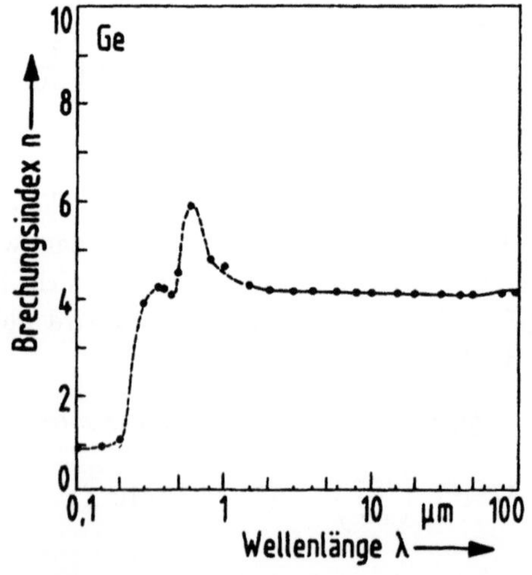

Bild 11.7: Brechzahlspektrum von Ge. Experimentelle Ergebnisse (Punkte) und Näherung nach Gl. (11.22) (durchgezogene Kurve).

Als Stellvertreter der III-V-Verbindungshalbleiter wurden GaAs, InP und InAs ausgewählt. Die zugehörigen Brechzahlspektren zeigen die Bilder 11.8 – 11.10. Im Spektralbereich $\lambda < \lambda_g$ sind wieder ausgeprägte Brechzahlspitzen aufgrund höherer Übergänge zu beobachten, während hier der direkte Valenzband-Leitungsband-Übergang der Fundamentalabsorption nur wenig Einfluß zeigt. Bemerkenswert sind die sehr ausgeprägten Resonanzen der Reststrahlenbanden. Sie sind in guter Übereinstimmung mit den Phononenenergien aus Tab. 5.2.

Die Brechzahlspektren im transparenten Spektralbereich oberhalb der Bandkante ($\lambda > \lambda_g$) können durch den Ansatz ungedämpfter Oszillatoren

$$n^2 = 1 + \frac{A}{\pi} \log \frac{W_1^2 - (\hbar\omega)^2}{W_0^2 - (\hbar\omega)^2} + \frac{G_1}{W_1^2 - (\hbar\omega)^2} + \frac{G_2}{W_2^2 - (\hbar\omega)^2} + \frac{G_3}{W_3^2 - (\hbar\omega)^2} \tag{11.23}$$

mit

$$A = 0,7\sqrt{\frac{W_0}{\mathrm{eV}}}$$

sehr genau beschrieben werden. Der zweite Summand berücksichtigt den Beitrag der Fundamentalabsorption; der dritte und vierte Term erfassen höhere Übergänge; die Reststrahlenbande beschreibt der letzte Term. Geeignete Parameter sind in Tab. 11.1 zusammengestellt.

Tab. 11.1: Materialspezifische Parameter zur Bestimmung der Brechzahlspektren nach Gl. (11.23) [PAL 85].

	GaAs	InP	InAs
W_0 (eV)	1,428	1,345	0,356
W_1 (eV)	3,0	3,2	2,2
W_2 (eV)	5,1	5,1	4,9
W_3 (eV)	0,0333	0,03765	0,02714
G_1 (eV)^2)	39,194	57,889	28,748
G_2 ((eV)^2)	136,08	65,937	79,354
G_3 ((eV)^2)	$2{,}18 \cdot 10^{-3}$	$3{,}92 \cdot 10^{-3}$	$2{,}01 \cdot 10^{-3}$

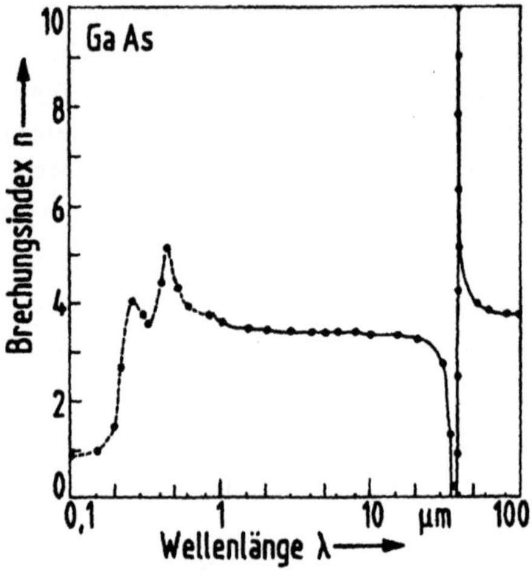

Bild 11.8: Brechzahlspektrum von GaAs. Experimentelle Ergebnisse (Punkte) und Näherung nach Gl. (11.23) mit den Parametern aus Tab. 11.1 (durchgezogene Kurve).

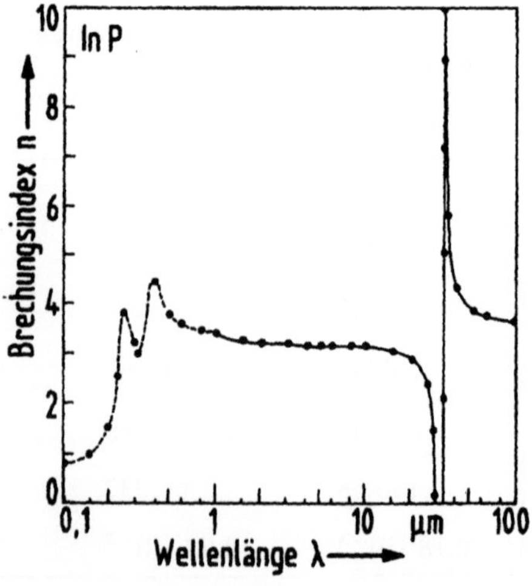

Bild 11.9: Brechzahlspektrum von InP.

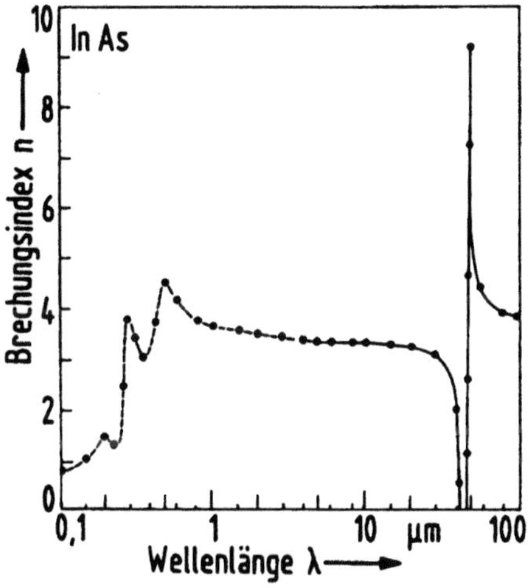

Bild 11.10: Brechzahlspektrum von InAs.

Optoelektronische Bauelemente für den Spektralbereich um 800 nm werden bevorzugt im Materialsystem $Al_xGa_{1-x}As/GaAs$ hergestellt, während für Komponenten in der optischen Nachrichtenübertragung mit Quarzglasfasern in den Wellenlängenbereichen um 1,3 μm und 1,55 μm das System $In_{1-x}Ga_xAs_yP_{1-y}/InP$ dominiert. Insbesondere für die Dimensionierung von Strukturen in Wellenleitergeometrie, aber auch für neuartige Bauelemente mit epitaktischen Bragg-Reflektoren und vertikalen Resonatoren ist die genaue Kenntnis der Zusammensetzungsabhängigkeit der Brechzahlspektren dieser Verbindungshalbleiter erforderlich.

Da insbesondere in unmittelbarer Nähe der Bandkante die Absorption, also der Imaginärteil der komplexen Dielektrizitätskonstante, über die Kramers-Kronig-Relation die Brechzahl wesentlich beeinflußt, muß diesem Effekt in den Modellen Rechnung getragen werden [AFR 74]. Gl. (7.123) mit zur Vereinfachung ausgetauschten Bezeichnungen von ω und $\omega^\star$

$$\varepsilon_r'(\omega) - 1 = \frac{2}{\pi} H \int_0^\infty \frac{\omega^\star \varepsilon_r''(\omega^\star)}{\omega^{\star 2} - \omega^2} d\omega^\star \qquad (7.123)$$

nimmt in Abhängigkeit von der Energie die Form

$$\varepsilon_r'(W) - 1 = \frac{2}{\pi} H \int_0^\infty \frac{W^\star \varepsilon_r''(W^\star)}{W^{\star 2} - W^2} dW^\star = \frac{2}{\pi} H \int_0^\infty \frac{\varepsilon_r''(W^\star)}{W^\star} \frac{1}{1 - \frac{W^2}{W^{\star 2}}} dW^\star \tag{11.24}$$

an.

Die Absorption und damit $\varepsilon_r''(W^\star)$ soll empirisch durch den Ansatz

$$\varepsilon_r''(W^\star) = \begin{cases} \eta W^{\star 4} & W_g \le W^\star \le W_f \\ 0 & \text{sonst} \end{cases} \tag{11.25}$$

beschrieben werden, wobei η und W_f noch zu bestimmende Parameter sind. Der Halbleiter wird also im langwelligen Spektralbereich oberhalb der Bandkante als transparent angenommen. Beschränken wir uns auf den transparenten Spektralbereich, so erhält man wegen $W < W_g$ und der damit gewährleisteten Konvergenz der geometrischen Reihe

$$\varepsilon_r'(W) - 1 = \frac{2}{\pi} \int_{W_g}^{W_f} \eta W^{\star 4} \left[\frac{1}{W^\star} + \frac{W^2}{W^{\star 3}} + \frac{W^4}{W^{\star 5}} + \ldots \right] dW^\star . \tag{11.26}$$

Gliedweise Integration ergibt die Potenzreihe

$$\varepsilon_r'(W) - 1 = M_{-1} + M_{-3} W^2 + M_{-5} W^4 + \ldots \tag{11.27}$$

mit den Koeffizienten

$$M_i = \frac{2}{\pi} \eta \int_{W_g}^{W_f} W^{\star 4+i} dW^\star \qquad (i = -1, -3, -5, \ldots) , \tag{11.28}$$

also

$$M_{-1} = \frac{\eta}{2\pi} \left(W_f^4 - W_g^4 \right) , \tag{11.29}$$

$$M_{-3} = \frac{\eta}{2\pi} \left(W_f^2 - W_g^2 \right) . \tag{11.30}$$

Greifen wir auf das einfache Oszillator-Modell nach Gl. (11.20) zurück und ersetzen auch hier die Summenformel durch die geometrische Reihe

$$\varepsilon_r'(W) - 1 = \frac{W_o W_d}{W_o^2 - (\hbar\omega)^2} = W_d \left[\frac{1}{W_o} + \frac{W^2}{W_o^3} + \frac{W^4}{W_o^5} + \ldots \right] , \tag{11.31}$$

so liefert der Vergleich der ersten beiden Koeffizienten die fehlenden Parameter η und W_f:

$$W_f = \sqrt{2W_o^2 - W_g^2} , \tag{11.32}$$

$$\eta = \frac{\pi W_d}{2W_o^3\left(W_o^2 - W_g^2\right)} . \qquad (11.33)$$

Mit diesen Werten von W_f und η erhält man jetzt

$$\begin{aligned}
\varepsilon_r'(W) - 1 &= \frac{W_d}{W_o} + \frac{W_d}{W_o^3}W^2 \\
&\quad + \frac{2}{\pi}\int_{W_g}^{W_f} \eta W^{\star 4}\frac{W^4}{W^{\star 5}}\left(1 + \frac{W^2}{W^{\star 2}} + \frac{W^4}{W^{\star 4}} + \ldots\right) dW^\star \\
&= \frac{W_d}{W_o} + \frac{W_d}{W_o^3}W^2 + \frac{2\eta}{\pi}\int_{W_g}^{W_f} \frac{W^4}{W^\star}\frac{1}{1 - \frac{W^2}{W^{\star 2}}} dW^\star \\
&= \frac{W_d}{W_o} + \frac{W_d}{W_o^3}W^2 + \frac{2\eta}{\pi}W^4\int_{W_g}^{W_f} \frac{W^\star}{W^{\star 2} - W^2} dW^\star \\
&= \frac{W_d}{W_o} + \frac{W_d}{W_o^3}W^2 + \frac{\eta}{\pi}W^4\left[\ln\left(W^{\star 2} - W^2\right)\right]_{W_g}^{W_f} \\
&= \frac{W_d}{W_o} + \frac{W_d}{W_o^3}W^2 + \frac{\eta}{\pi}W^4\ln\left(\frac{W_f^2 - W^2}{W_g^2 - W^2}\right) .
\end{aligned} \qquad (11.34)$$

Einsetzen von W_f, η und $W = \hbar\omega$ ergibt schließlich

$$n^2(\hbar\omega) - 1 = \frac{W_d}{W_o} + \frac{W_d}{W_o^3}(\hbar\omega)^2 + \frac{\eta}{\pi}(\hbar\omega)^4\ln\left(\frac{2W_o^2 - W_g^2 - (\hbar\omega)^2}{W_g^2 - (\hbar\omega)^2}\right) . \qquad (11.35)$$

Die Resonanzenergie W_o des Ein-Oszillator-Modells verhält sich bei einer Zusammensetzungsvariation im wesentlichen linear zum Bandabstand W_g. Die Bestimmung von W_d basiert vorrangig auf der Anpassung an experimentelle Ergebnisse. Die für die hier betrachteten Materialsysteme verbreiteten Beziehungen sind im folgenden zusammengestellt [AFR 74; BUU 79]:

$Al_xGa_{1-x}As$:

$$W_g(x)/\mathrm{eV} = \begin{cases} 1.424 + 1.247x & x \le 0.45 \\ 1.424 + 1.247x + 1.55(x - 0.45)^2 & x > 0.45 \end{cases} , \qquad (5.1)$$

$$W_o(x)/\mathrm{eV} = 3,65 + 0,871x + 0,179x^2 , \qquad (11.36)$$

$$W_d(x)/\mathrm{eV} = 36,1 - 2,45x . \qquad (11.37)$$

$In_{1-x}Ga_xAs_yP_{1-y}$:

$$W_g(y)/\mathrm{eV} = 1,35 - 0,72y + 0,12y^2 \,, \tag{5.12}$$
$$W_o(y)/\mathrm{eV} = 3.391 - 1,652y + 0,863y^2 \,, \tag{11.38}$$
$$W_d(y)/\mathrm{eV} = 28,91 - 9,278y + 5,626y^2 \,. \tag{11.39}$$

Die nach diesem Modell ermittelten Brechzahlspektren in Abhängigkeit von der Zusammensetzung (Schrittweite $\Delta x = \Delta y = 0,1$) sind jeweils für den transparenten Spektralbereich $\hbar\omega < W_g$ in den Bildern 11.11 und 11.12 zusammengestellt.

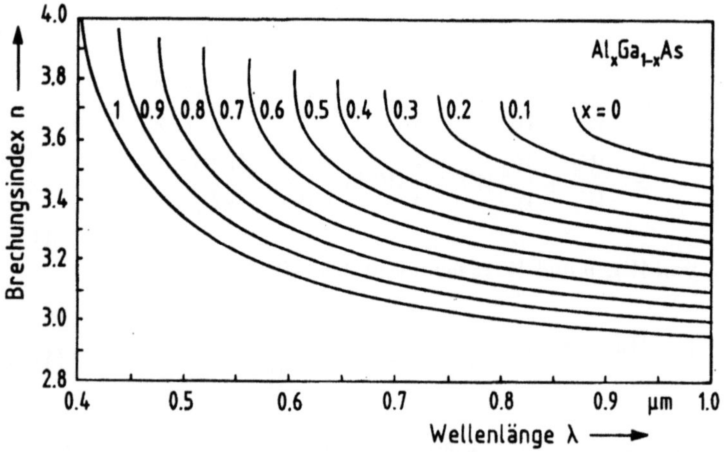

Bild 11.11: Brechzahlspektrum des Materialsystems $Al_xGa_{1-x}As$ nach Gl. (11.35) mit den Materialparametern nach Gl. (5.1), (11.36) und (11.37).

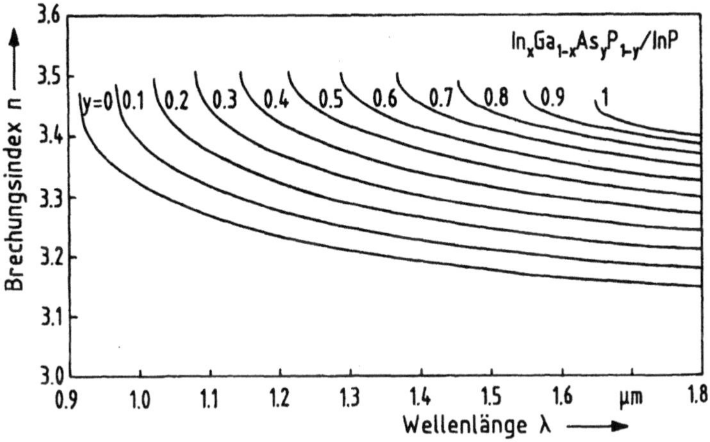

Bild 11.12: Brechzahlspektrum des Materialsystems $In_{1-x}Ga_xAs_yP_{1-y}$ nach Gl. (11.35) mit den Materialparametern nach Gl. (5.12), (11.38) und (11.39).

12 Thermische Eigenschaften von Isolatoren

Während bei Metallen das freie Elektronengas einen wesentlichen Beitrag zur spezifischen Wärme und zur Wärmeleitfähigkeit liefert, werden diese Eigenschaften bei Isolatoren ausschließlich durch die Schwingungen des Kristallgitters, also durch die Phononen, bestimmt. Die Eigenschaft des Elektronengases in Metallen, nicht nur einen elektrischen Ladungsfluß sondern auch einen Wärmestrom bei ortsabhängiger thermischer Anregung der Ladungsträger zu ermöglichen, spiegelt sich in dem bekannten „Wiedemann-Franz-Lorenz Gesetz“ wider:

$$\frac{\lambda}{\sigma \cdot T} = \left(\frac{k}{q}\right)^2 \frac{\pi^2}{3} . \tag{12.1}$$

Die Wärmeleitfähigkeit λ ist demnach proportional zum Produkt aus der elektrischen Leitfähigkeit σ und der Temperatur T. Die Proportionalitätskonstante

$$L = \left(\frac{k}{q}\right)^2 \frac{\pi^2}{3} = 2,45 \cdot 10^{-8} \frac{\mathrm{W\Omega}}{\mathrm{K}^2} . \tag{12.2}$$

wird als „Lorenzzahl“ bezeichnet. In Tab. 12.1 sind für einige Metalle λ und σ zusammengestellt. Sie bestätigen diese Gesetzmäßigkeit zufriedenstellend.

Tab. 12.1: Wärmleitfähigkeit und elektrische Leitfähigkeit einiger Metalle bei T=293 K und hieraus ermittelte Lorenzzahl.

Metall	$\lambda(\frac{\mathrm{W}}{\mathrm{mK}})$	$\sigma(\frac{10^6}{\Omega\mathrm{m}})$	$\mathrm{L}(10^{-8}\frac{\mathrm{W\Omega}}{\mathrm{K}^2})$
Al	233	37	2,15
Ag	419	62,5	2,29
Au	314	45,2	2,37
Cu	384	58	2,26
Fe	70	10,5	2,28
Pt	70	9,52	2,51
Sn	67	10	2,29
Zn	122	17	2,45

In diesem Kapitel sollen die thermischen Eigenschaften von Isolatoren untersucht werden. Im Anschluß an die Diskussion der spezifischen Wärme und der thermischen Ausdehnung wird schließlich die Wärmeleitfähigkeit betrachtet, die zunächst unerwartete, interessante Effekte zeigt.

12.1 Spezifische Wärme

Die spezifische Wärme eines Körpers ist das Verhältnis der Änderung seiner inneren Energie (thermische Energie) zur Temperaturänderung, wobei dieses Verhältnis auf konstanten Druck oder auf konstantes Volumen bezogen werden kann. Bei Festkörpern ist diese Unterscheidung vernachlässigbar. Allgemein ist jedoch der zweite Fall physikalisch bedeutender und wird hier zur Definition herangezogen. Es sei U die innere Energie eines Körpers, und T sei seine Temperatur. Dann ist

$$c_v = \left(\frac{\partial U}{\partial T}\right)_v \tag{12.3}$$

die spezifische Wärme dieses Körpers.

Bemerkungen

1. Die spezifische Wärme wird meist auf ein Mol oder ein einzelnes Atom bezogen. Fast alle Festkörper haben bei $T = 300$ K die spezifische Wärme $c_v = 3Nk$, wobei N die Dichte und k die Boltzmannkonstante ist. Mit $k = 1,38054 \cdot 10^{-23}$J/K und der Dichte pro Mol $N = 6,028 \cdot 10^{23}$ Mol^{-1} ergibt sich
$$c_v \approx 25 \frac{\text{J}}{\text{Mol K}} .$$
2. Bei abnehmender Temperatur nimmt auch die spezifische Wärme ab und konvergiert mit T gegen Null. Diese Konvergenz ist jedoch materialabhängig: Bei Metallen verhält sich c_v in der Nähe des Nullpunkts wie T, bei Isolatoren aber sogar wie T^3.

Ziel der folgenden Betrachtungen sind Modellvorstellungen zur Berechnung der Energie U eines Gitters. Dazu sei zunächst ein System gleicher harmonischer Oszillatoren der Frequenz ω im thermischen Gleichgewicht gegeben.

Dann gilt für die Anzahl N_m der mit der Quantenzahl m angeregten Oszillatoren

$$N_m \propto \exp\left(-\frac{\hbar\omega}{kT}\cdot m\right) , \qquad (12.4)$$

so daß sich mit der (auch weiterhin benutzten) Abkürzung $\beta = \hbar\omega/(kT)$ als mittlere Quantenzahl der Oszillatoren

$$\overline{m} = \frac{\sum_{\nu=0}^{\infty} \nu e^{-\beta\nu}}{\sum_{\nu=0}^{\infty} e^{-\beta\nu}} \qquad (12.5)$$

ergibt. Wegen $\beta > 0$ gilt $e^{-\beta} < 1$, so daß die geometrische Reihe im Nenner gegen $(1 - e^{-\beta})^{-1}$ konvergiert. Für den Zähler erhält man

$$\sum_{\nu=0}^{\infty} \nu e^{-\beta\nu} = -\frac{d}{d\beta}\sum_{\nu=0}^{\infty} e^{-\beta\nu} = \frac{e^{-\beta}}{(1-e^{-\beta})^2} . \qquad (12.6)$$

Insgesamt ergibt sich somit

$$\overline{m} = \frac{e^{-\beta}}{1-e^{-\beta}} = \frac{1}{e^{\beta}-1} = \frac{1}{\exp\left(\frac{\hbar\omega}{kT}\right) - 1} , \qquad (12.7)$$

also die Bose-Einstein-Verteilung. Wegen $e^{\beta} - 1 = \beta + \frac{1}{2!}\beta^2 + \ldots$ gilt für kleine β, also große T, die Näherung $\overline{m} \approx kT/(\hbar\omega)$, während für große β, also kleine T, unmittelbar $\overline{m} \approx \exp(-\hbar\omega/(kT))$ folgt. Die mittlere Energie eines einzelnen Oszillators mit der Frequenz ω ist $\overline{m}\cdot\hbar\omega$, so daß sich als Gesamtenergie von N Oszillatoren

$$U = N\cdot\overline{m}\cdot\hbar\omega = \frac{N\cdot\hbar\omega}{\exp\left(\frac{\hbar\omega}{kT}\right) - 1} \qquad (12.8)$$

ergibt. Wegen Gl. (12.3) erhält man daher als spezifische Wärme

$$c_v = N\cdot k\left(\frac{\hbar\omega}{kT}\right)^2 \frac{\exp\left(\frac{\hbar\omega}{kT}\right)}{\left[\exp\left(\frac{\hbar\omega}{kT}\right) - 1\right]^2} . \qquad (12.9)$$

Bild 12.1 zeigt dieses Verhalten für Diamant im Vergleich zu experimentellen Ergebnissen.

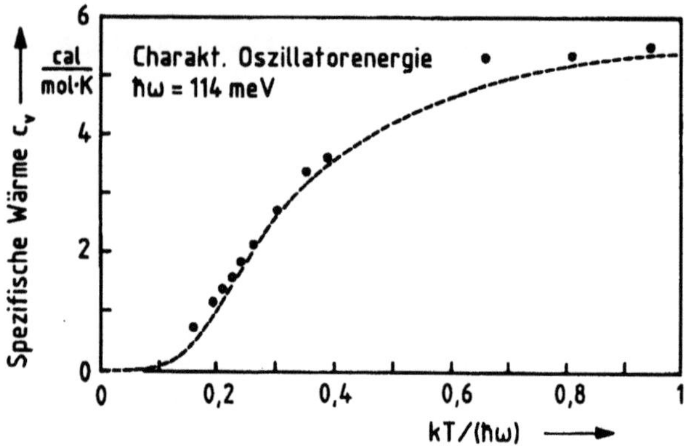

Bild 12.1: Spezifische Wärme c_v von Diamant nach Gl. (12.9) im Vergleich zu experimentellen Ergebnissen [EIN 07].

Dies ist das Einsteinsche Modell der spezifischen Wärme von N Oszillatoren der Frequenz ω [EIN 07]. Da Atome als Oszillatoren drei Freiheitsgrade haben, ist bei der spezifischen Wärme eines Kristalls mit N Atomen in Gl. (12.9) noch der Faktor 3 auf der rechten Seite zu ergänzen. Für große T, also kleine β, erhält man dann

$$\begin{aligned} c_v &= 3Nk\beta^2 \frac{e^\beta}{\left(e^\beta - 1\right)^2} = 3Nk \frac{1+\beta+\ldots}{\beta^{-2}\left(\beta + \frac{1}{2!}\beta^2 + \ldots\right)^2} \\ &= 3Nk \frac{1+\beta+\ldots}{1+\beta+\ldots} \approx 3Nk\,. \end{aligned} \tag{12.10}$$

Diese Näherung ist als „Dulong-Petitsche Regel“ bekannt (vgl. Bemerkung 1).

Das Einsteinsche Modell liefert unmittelbar, daß c_v mit T gegen Null konvergiert. Jedoch erfolgt diese Annäherung exponentiell mit $\exp(-\hbar\omega/(kT))$, nicht aber mit T^3, wie oben in der zweiten Bemerkung erwähnt wurde. Hauptsächlich liegt diese Abweichung darin begründet, daß im allgemeinen Phononen unterschiedlicher Frequenzen auftreten.

Als einfachstes Beispiel kann wieder das eindimensionale Gitter aus Abschnitt 6.1 dienen, das aus N gleichen Atomen oder Ionen bestand, die

Gitterkonstante a besaß und dessen Randbedingungen einer periodischen Fortsetzung entsprachen. Man erhielt als mögliche Wellenzahlen k

$$k = \frac{2\pi}{a}\frac{\nu}{N} \qquad (\nu = 0, \ldots, N-1) \tag{12.11}$$

und aus der Dispersionsrelation als zugehörige Frequenzen

$$\omega(k) = \omega_{max} \sin\left(\frac{ka}{2}\right) , \tag{12.12}$$

wobei ω_{max} nur von den Massen und den Federkräften abhing. Hierbei gilt noch $\omega(k) = \omega(\frac{2\pi}{a} - k)$, so daß zu jedem ω-Wert zwei k-Werte gehören. Diese Werte für ω können in Gl. (12.8) und Gl. (12.9) eingesetzt werden und liefern nach Summation über m die Gesamtenergie und die spezifische Wärme des Gitters, wobei dann die spezifische Wärme auch auf alle N Atome oder Ionen bezogen ist. Für die praktische Rechnung sind die sich so ergebenden Ausdrücke recht unhandlich. Bei großen N bietet sich daher der Übergang zu einer kontinuierlichen Beschreibung an, bei der dann die Summation durch eine Integration ersetzt wird.

Um die Gesamtenergie durch Integration gewinnen zu können, muß man die Dichtefunktion $D(\omega)$ der Frequenzverteilung kennen, die durch $\int_0^\infty D(\omega)d\omega = N$ normiert werden soll. Mit der mittleren Quantenzahl $\overline{m} = \overline{m}(\omega, T)$ gilt dann

$$U = \int_0^\infty \hbar\omega \cdot D(\omega) \cdot \overline{m}(\omega, T)\, d\omega . \tag{12.13}$$

Da bei dem eindimensionalen Gitter zu jedem k-Intervall der Länge $2\pi/(aN)$ genau eine Eigenfrequenz gehört, ist die auf den k-Raum bezogene Dichte mit $aN/(2\pi)$ anzusetzen. Um sie auf den ω-Raum zu beziehen, muß man sie noch mit $dk/d\omega$ und außerdem mit dem Faktor 2 multiplizieren, da ja jedem ω-Wert zwei k-Werte entsprechen:

$$\begin{aligned} D(\omega) &= \frac{aN}{\pi}\frac{dk}{d\omega} = \frac{aN}{\pi}\frac{1}{\frac{d\omega}{dk}} \qquad && (\omega < \omega_{max}) , \\ D(\omega) &= 0 && (\omega \geq \omega_{max}) , \end{aligned} \tag{12.14}$$

wobei im letzten Ausdruck der ersten Zeile die Gruppengeschwindigkeit $d\omega/dk$ auftritt. Löst man die Dispersionrelation Gl. (12.12) nach k (mit dem geeigneten Zweig von arcsin) auf

$$k = \frac{2}{a} \arcsin\left(\frac{\omega}{\omega_{max}}\right) , \tag{12.15}$$

so folgt

$$\frac{dk}{d\omega} = \frac{2}{a\omega_{max}\sqrt{1 - \left(\frac{\omega}{\omega_{max}}\right)^2}} \tag{12.16}$$

und damit

$$D(\omega) = \frac{2N}{\pi} \frac{1}{\sqrt{\omega_{max}^2 - \omega^2}} \qquad (\omega < \omega_{max}) ,$$

$$U = \frac{2N\hbar}{\pi} \int_0^{\omega_{max}} \frac{\omega d\omega}{\sqrt{\omega_{max}^2 - \omega^2}\left(e^{\hbar\omega/(kT)} - 1\right)} ,$$

$$c_v = \frac{2N\hbar^2}{\pi(kT)^2} \int_0^{\omega_{max}} \frac{\omega^2 e^{\hbar\omega/(kT)} \quad d\omega}{\sqrt{\omega_{max}^2 - \omega^2}\left(e^{\hbar\omega/(kT)} - 1\right)^2} . \tag{12.17}$$

Eine Vereinfachung ermöglicht das Modell von Debye, bei dem $\omega = vk$, also Gleichheit von Gruppen- und Phasengeschwindigkeit, vorausgesetzt wird. Aus Gl. (12.14) folgt dann unmittelbar

$$D(\omega) = \frac{aN}{\pi v} \qquad (\omega < \omega_{max}) \tag{12.18}$$

mit entsprechenden Vereinfachungen für U und c_v.

Etwas komplizierter sind die Verhältnisse bei dem Zwei-Ionen-Gitter aus Abschnitt 6.2. Dort müssen die beiden Zweige der Dispersionsrelation getrennt untersucht werden. Der akustische Zweig liefert ein Gl. (12.17) bzw. Gl. (12.18) entsprechendes Ergebnis. Bei dem optischen Zweig erweist sich ω bei stark unterschiedlichen Ionenmassen als weitgehend von k unabhängig, so daß hier das Einstein-Modell eine günstige Näherung liefert.

Weiter soll jetzt in einem räumlichen kubischen Gitter ein Würfel mit der Kantenlänge L, also mit dem Volumen $V = L^3$, betrachtet werden, der wieder N Atome enthalten möge. Wie im eindimensionalen Fall ergeben sich für die Komponenten zulässiger Wellenvektoren $\vec{k}$ bei der Beschreibung durch orthogonale Eigenfunktionen

$$k_x\ ,\ k_y\ ,\ k_z = \frac{2\pi}{L}\nu \qquad (\nu \text{ ganzzahlig})\,. \tag{12.19}$$

Im k-Raum gibt es also pro Volumeneinheit gerade

$$\left(\frac{L}{2\pi}\right)^3 = \frac{V}{(2\pi)^3} \tag{12.20}$$

zulässige Wellenvektoren. Für die Anzahl n der Phononen, die zu einer Kugel im k-Raum mit dem Radius $k^\star$ gehören, gilt somit

$$n = \left(\frac{L}{2\pi}\right)^3 \frac{4}{3}\pi k^{\star 3} = \frac{V}{6\pi^2}k^{\star 3}\,. \tag{12.21}$$

Im Modell von Debye wird nun wieder $\omega = v|\vec{k}|$ vorausgesetzt, und zwar mit einer für alle Richtungen gleichen Phasengeschwindigkeit v. Aus Gl. (12.21) folgt dann

$$n = \frac{V}{6\pi^2}\frac{\omega^3}{v^3}\,, \tag{12.22}$$

und für die Dichtefunktion erhält man

$$D(\omega) = \frac{dn}{d\omega} = \frac{V\omega^2}{2\pi^2 v^3}\,. \tag{12.23}$$

Für die nachfolgende Berechnung des Energieintegrals werden nun noch ein Debye-Radius k_D und eine Debye-Frequenz ω_D so bestimmt, daß in Gl. (12.21) bzw. Gl. (12.22) links gerade die Gesamtzahl N der Phononen steht. Es folgt

$$\begin{aligned} \omega_D &= v\left(\frac{6\pi^2 N}{V}\right)^{1/3}, \\ k_D &= \frac{\omega_D}{v} = \left(\frac{6\pi^2 N}{V}\right)^{1/3}. \end{aligned} \tag{12.24}$$

Die Gesamtenergie U ergibt sich nun als Summe der Energieintegrale in drei unabhängigen Polarisationsrichtungen. Wegen der vorausgesetzten Richtungsunabhängigkeit von v genügt aber die Berechnung eines Integrals, das dann mit dem Faktor 3 zu versehen ist. Diese Integration ist eigentlich über die erste Brillouin-Zone zu erstrecken, die aber vereinfachend im Modell von Debye durch das Intervall $0 \le \omega \le \omega_D$ ersetzt wird. Damit ergibt sich

$$\begin{aligned} U &= 3\int_0^{\omega_D} \hbar\omega\, D(\omega)\, \overline{m}(\omega,T)\, d\omega &&= 3\int_0^{\omega_D} \hbar\omega \frac{V\omega^2}{2\pi^2 v^3}\frac{1}{e^\beta - 1} d\omega \\ &= \frac{3V\hbar}{2\pi^2 v^3}\int_0^{\omega_D} \frac{\omega^3}{e^\beta - 1} d\omega &&= \frac{3V(kT)^4}{2\pi^2 v^3 \hbar^3}\int_0^{\beta_D} \frac{\beta^3}{e^\beta - 1} d\beta \end{aligned} \tag{12.25}$$

mit

$$\beta_D = \frac{\hbar\omega_D}{kT} = \frac{\Theta}{T},$$

wobei

$$\Theta = \frac{\hbar\omega_D}{k} = \frac{\hbar v}{k}\left(\frac{6\pi^2 N}{V}\right)^{1/3} \tag{12.26}$$

die „Debye-Temperatur“ genannt wird. In Tab. 12.2 sind die Debye-Temperaturen einiger Elemente, in Tab. 12.3 die der Alkalihalogenide zusammengestellt.

Die spezifische Wärme erhält man nun am einfachsten durch Differentiation des vorletzten Ausdrucks für U aus Gl. (12.25):

$$\begin{aligned} c_v &= \frac{3V\hbar^2}{2\pi^2 v^3 kT^2}\int_0^{\omega_D} \frac{\omega^4 e^\beta}{(e^\beta - 1)^2} d\omega \\ &= 9Nk\left(\frac{T}{\Theta}\right)^3 \int_0^{\beta_D} \frac{\beta^4 e^\beta}{(e^\beta - 1)^2} d\beta \,. \end{aligned} \tag{12.27}$$

Für große Werte von T, also kleine Werte von β, kann $e^\beta(e^\beta - 1)^{-2}$ in erster Näherung durch β^{-2} approximiert werden. Aus Gl. (12.27) folgt dann

$$c_v \approx 9Nk\left(\frac{T}{\Theta}\right)^3 \int_0^{\beta_D} \beta^2\, d\beta = 3Nk\left(\frac{T}{\Theta}\right)^3 \beta_D^3 = 3Nk\,, \tag{12.28}$$

also wieder die schon aus dem Einstein-Modell gewonnene Regel von Dulong-Petit.

Tab. 12.2: Debye-Temperatur einiger Elemente [LAU 56].

Element	Θ (K)	Element	Θ (K)
Li	400	Cu	315
Na	150	Ag	215
K	100	Au	170
Be	1000	Zn	234
Mg	318	Cd	120
Ca	230	Hg	100
B	1250	Cr	460
Al	394	Mo	380
Ga	240	W	310
In	129	Mn	400
Tl	96	Fe	420
		Co	385
C (Diamant)	1860	Ni	375
Si	625	Pd	275
Ge	360	Pt	230
Sn (grau)	260		
Pb	88		
As	285		
Sb	200		
Bi	120		

Tab. 12.3: Debye-Temperatur Θ (K) der Alkalihalogenide [LEW 67].

	Li	Na	K	Rb
F	730	492	336	—
Cl	422	321	231	165
Br	—	224	173	131
J	—	164	131	103

Andererseits kann man bei tiefen Temperaturen, also großem β_D, in dem letzten Integral aus Gl. (12.25) die obere Grenze näherungsweise durch ∞

ersetzen. Man erhält

$$\begin{aligned}\int_0^\infty \frac{\beta^3}{e^\beta - 1}\,d\beta &= \int_0^\infty \sum_{\nu=1}^\infty \beta^3 e^{-\beta\nu}\,d\beta \\ &= \sum_{\nu=1}^\infty \left[-\left(\frac{1}{\nu}\beta^3 + \frac{3}{\nu^2}\beta^2 + \frac{6}{\nu^3}\beta + \frac{6}{\nu^4}\right)e^{-\beta\nu}\right]_0^\infty \\ &= 6\sum_{\nu=1}^\infty \frac{1}{\nu^4} = \frac{\pi^4}{15}\end{aligned} \tag{12.29}$$

und damit bei Verwendung von Gl. (12.26)

$$U \approx \frac{\pi^2 V (kT)^4}{10\, v^3 \hbar^3} = \frac{3Nk\pi^4}{5}\frac{T^4}{\Theta^3}\,. \tag{12.30}$$

Differentiation nach T ergibt als Ausdruck der spezifischen Wärme im Modell von Debye bei tiefen Temperaturen

$$c_v \approx \frac{12}{5} Nk\pi^4 \left(\frac{T}{\Theta}\right)^3 \approx 234\, Nk \left(\frac{T}{\Theta}\right)^3 , \tag{12.31}$$

also gerade die eingangs erwähnte T^3-Abhängigkeit. Aber auch über dieses qualitative Ergebnis hinaus stellt das Modell von Debye bei tiefen Temperaturen eine sehr gute Näherung dar, weil dort nur akustische Schwingungen großer Wellenlänge angeregt sein können, nicht aber kurzwellige Zustände, deren Energie für diesen Temperaturbereich zu hoch ist.

12.2 Wärmeausdehnung

Wie schon bei der Elektrostriktion und der Piezoelektrizität in Abschnitt 10 sowie bei der Ferroelektrizität in Abschnitt 9.1 sind auch bei der Behandlung der Wärmeausdehnung im Ansatz höhere Entwicklungsglieder zu berücksichtigen. Die potentielle Energie W zweier Atome oder Ionen bei $T = 0$ K ist zunächst zum Quadrat der Auslenkung v aus der Gleichgewichtslage proportional. Asymmetrien in der gegenseitigen Abstoßung hängen von v^3 ab, und eine Abschwächung der Schwingung bei großen Amplituden wird sogar durch einen Term in v^4 beschrieben, so daß man von dem Ansatz

$$W = av^2 - bv^3 - cv^4 \qquad (a, b, c \geq 0) \tag{12.32}$$

auszugehen hat. Die mittlere Auslenkung $\overline{v}$, also die Wärmeausdehnung, kann wie in Abschnitt 7.2.4 mit Hilfe der Boltzmann-Verteilung berechnet werden:

$$\overline{v} = \frac{\int_{-\infty}^{\infty} v \exp\left(\frac{-W}{kT}\right) dv}{\int_{-\infty}^{\infty} \exp\left(\frac{-W}{kT}\right) dv} . \tag{12.33}$$

Wegen

$$\begin{aligned} \int_{-\infty}^{\infty} e^{-\alpha v^2}\, dv &= \sqrt{\frac{\pi}{\alpha}} , \\ \int_{-\infty}^{\infty} v\, e^{-\alpha v^2}\, dv &= 0 , \\ \int_{-\infty}^{\infty} v^s\, e^{-\alpha v^2}\, dv &= \frac{s-1}{2\alpha} \int_{-\infty}^{\infty} v^{s-2}\, e^{-\alpha v^2}\, dv \qquad (s \geq 2) \end{aligned} \tag{12.34}$$

erhält man mit Hilfe entsprechender Potenzreihenentwicklungen

$$\begin{aligned} \int_{-\infty}^{\infty} v\, e^{-W/kT}\, dv &= \int_{-\infty}^{\infty} e^{-av^2/(kT)} \left(v + \frac{b}{kT} v^4 + \frac{c}{kT} v^5 + \ldots\right) dv \\ &= \frac{b}{kT} \frac{3(kT)^2}{4a^2} \sqrt{\frac{\pi kT}{a}} + \ldots \\ &\approx \frac{3bkT}{4a^2} \sqrt{\frac{\pi kT}{a}} , \end{aligned} \tag{12.35}$$

$$\begin{aligned} \int_{-\infty}^{\infty} e^{-W/kT}\, dv &= \int_{-\infty}^{\infty} e^{-av^2/(kT)} \left(1 + \frac{b}{kT} v^3 + \frac{c}{kT} v^4 + \ldots\right) dv \\ &= \sqrt{\frac{\pi kT}{a}} + \frac{c}{kT} \frac{3(kT)^2}{4a^2} \sqrt{\frac{\pi kT}{a}} + \ldots \\ &\approx \left(1 + \frac{3ckT}{4a^2}\right) \sqrt{\frac{\pi kT}{a}} . \end{aligned} \tag{12.36}$$

Quotientenbildung ergibt

$$\overline{v} \approx \frac{3bkT}{4a^2 + 3ckT} \,. \tag{12.37}$$

Das Ergebnis zeigt erstens, daß bei rein harmonischem Ansatz von W, also $b = c = 0$, auch $\overline{v} = 0$ folgt. Die Beschreibung der Wärmeausdehnung erfordert also die Berücksichtigung höherer Entwicklungsterme. Berücksichtigt man zweitens lediglich das kubische Glied ($c = 0$), so erhält man das klassische Resultat

$$\overline{v} \approx \frac{3b}{4a^2} kT \,, \tag{12.38}$$

das allerdings für $T \to \infty$ eine unbeschränkte Wärmeausdehnung liefert. Einbeziehung der vierten Potenz ($c \neq 0$) führt jedoch auf

$$\lim_{T \to \infty} \overline{v} = \frac{b}{c} \,. \tag{12.39}$$

Genauere thermodynamische Untersuchungen, die von der Zustandsgleichung des Gitters ausgehen, ergeben sogar, daß

$$\overline{v} = \gamma c_v \tag{12.40}$$

mit einem Faktor γ gilt, der nur sehr schwach von der Temperatur abhängt. Dies zeigt, daß sich die Wärmeausdehnung für $T \to 0$ wie die spezifische Wärme verhält, also bei einem Kristallgitter sogar mit T^3 abnimmt.

12.3 Wärmeleitfähigkeit

Wie schon die Wärmeausdehnung hängt auch die Möglichkeit der Wärmeleitung in einem Kristallgitter von dem Auftreten kubischer und höherer Terme in dem Ausdruck für die potentielle Energie ab. Bei einem rein harmonischen Potential mit nur quadratischem Term würden die Phononen des Gitters keinerlei Kopplungen unterworfen, die überhaupt erst einen Energietransport ermöglichen. Beim Vorhandensein höherer Terme, die ja im allgemeinen klein gegenüber dem quadratischen Glied sind, kann man die dann auftretenden Kopplungen benachbarter Phononen durch Störungsrechnungen beschreiben. Sie können dahingehend gedeutet werden, daß eine durch die Ordnung des Terms bestimmte Anzahl von Phononen sich teils aufspalten, teils aber auch verschmelzen kann; ein Prozeß, der im Sinn kinetischer Modelle auch als Mehrphononen-Stoßprozeß aufgefaßt werden kann. Bezeichnet man die Wellenvektoren der beteiligten Phononen vor dem Stoß mit $\vec{k}_i$, der nach dem Stoß sich ergebenden Phononen mit $\vec{k}'_j$ und entsprechend die Besetzungszahlen mit m_i, m'_j, so gilt für diesen Stoß der Energiesatz in der üblichen Form

$$\sum_i \hbar\omega(\vec{k}_i)m_i = \sum_j \hbar\omega(\vec{k}'_j)m'_j \,, \tag{12.41}$$

der Impulssatz aber nur in der für Phononengitter typischen Form

$$\sum_i m_i\vec{k}_i = \sum_j m'_j\vec{k}'_j + \vec{k}^\star \,, \tag{12.42}$$

wobei $\vec{k}^\star$ ein geeigneter Vektor des reziproken Gitters ist. Bild 12.2 verdeutlicht diesen Mechanismus.

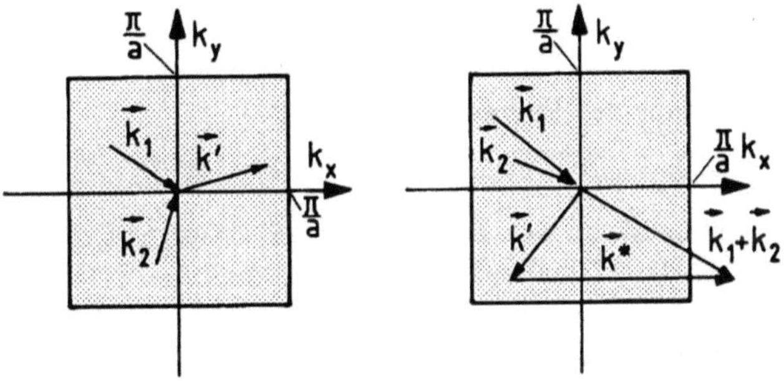

Bild 12.2: Umklapp-Prozeß.

Stoßprozesse mit $\vec{k}^\star = \vec{0}$ werden „normale" Stöße genannt. Im Fall $\vec{k}^\star \neq \vec{0}$ spricht man von einem „Umklapp-Prozeß", weil durch das Auftreten von $\vec{k}^\star$ der resultierende Wellenvektor $\sum m'_j\vec{k}'_j$ gegenüber $\sum m_i\vec{k}_i$ unter Umständen eine weitgehend gegenläufige Richtung annehmen kann. Es zeigt sich nun, daß für die Wärmeleitung im Gitter gerade diese Umklapp-Prozesse entscheidende Bedeutung besitzen.

Zunächst aber soll allgemein die Wärmestromdichte j in einem Gitter unter folgenden vereinfachenden Annahmen berechnet werden: Die Elementarzellen seien nur mit je einem Atom besetzt. Für die Dispersionsrelation wird die Debye-Approximation $\omega = v|\vec{k}|$ mit richtungsunabhängiger Phasengeschwindigkeit v gemacht. Die Energiestromdichte j soll entlang einer Geraden, etwa längs der x-Achse eines geeigneten Koordinatensystems, berechnet werden, auf der ein nicht zu großer Temperaturgradient herrschen möge.

In einem festen Punkt x_o der x-Achse hat man es im thermischen Gleichgewicht mit einer Temperatur $T(x_o)$ und einer Gleichgewichtsenergie $W_{gl}(T(x_o))$ zu tun. Eine von Null verschiedene Energiestromdichte j ist in x_o nur dann möglich, wenn die Gleichgewichtsenergie durch Beiträge von aus Stößen herrührenden Phononen gestört wird. Zur Erfassung dieser Beiträge sei mit L die mittlere freie Weglänge und mit τ die mittlere Zeit zwischen zwei Stößen bezeichnet, die durch die Gleichung

$$L = v \cdot \tau \tag{12.43}$$

zusammenhängen. Betrachtet wird nun ein von einem letzten Stoß im Punkt p herrührendes Phonon. Im Mittel wird es nur dann einen Beitrag zur Energie in x_o liefern, wenn der Abstand zwischen p und x_o gerade L ist. Wenn dies der Fall ist, dann sei θ der Winkel zwischen dem Vektor $\overrightarrow{x_o p}$ und der negativen x-Achse, so daß $v \cdot \cos\theta$ die Geschwindigkeitskomponente in x-Richtung und $x_o - L \cdot \cos\theta$ die senkrechte Projektion von p auf die x-Achse ist (s. Bild 12.3). Es wird nun noch die naheliegende Voraussetzung gemacht, daß dieses Phonon den Energiebeitrag

$$W(x_o - L \cdot \cos\theta) = W_{gl}(T(x_o - L\cos\theta)) - W_{gl}(T(x_o)) \,, \tag{12.44}$$

also zum Energiestrom den Beitrag $v \cdot \cos\theta \cdot W(x_o - L\cos\theta)$ liefert. Integration über die Einheitssphäre bei vorausgesetzter Rotationssymmetrie (es bleibt nur die Integration über θ, die Integration über die andere Winkelvariable und die für die Dichtebildung erforderliche Division durch die Oberfläche 4π liefert den Faktor 1/2) ergibt

$$\begin{aligned} j &= \frac{1}{2}\int_0^\pi v \cdot \cos\theta \cdot W(x_o - L \cdot \cos\theta) \sin\theta \, d\theta \\ &\overset{(\cos\theta = u)}{=} \frac{1}{2}\int_{-1}^{1} v \cdot u \cdot W(x_o - Lu)\, du \,. \end{aligned} \tag{12.45}$$

Nun gilt aber wegen $W(x_o) = 0$ in erster Näherung $W(x_o - Lu) = -Lu(\partial W/\partial x)$ und daher

$$\begin{aligned} j &= -\frac{1}{2} vL \frac{\partial W}{\partial x} \int_{-1}^{1} u^2 \, du = -\frac{1}{3} vL \frac{\partial W}{\partial T}\frac{dT}{dx} \\ &= -\frac{1}{3} vLc_v \frac{dT}{dx} \,. \end{aligned} \tag{12.46}$$

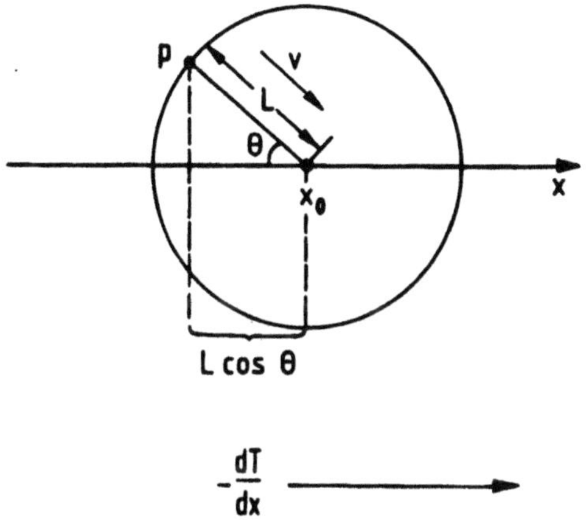

Bild 12.3: Modell zur Bestimmung der Wärmeleitfähigkeit.

Der hier auftretende Proportionalitätsfaktor zwischen der Energiestromdichte und dem (negativen) Temperaturgradienten

$$\lambda = \frac{1}{3} v L c_v = \frac{1}{3} v^2 \tau c_v \tag{12.47}$$

ist die Wärmeleitfähigkeit, die einerseits über die spezifische Wärme c_v und andererseits auch über τ von der Temperatur abhängt. Die Abhängigkeit der spezifischen Wärme von T wurde bereits untersucht. Dagegen bereitet die theoretische Beschreibung der Temperaturabhängigkeit von τ erhebliche Schwierigkeiten, so daß auf die entsprechenden Ergebnisse hier nur kurz und lediglich qualitativ eingegangen werden kann.

Zunächst wird der Fall hoher Temperaturen betrachtet, die deutlich über der Debye-Temperatur Θ (s. Gl. (12.26)) liegen. Wegen $\hbar\omega/kT \ll 1$ erhält man dann für die mittlere Besetzungszahl

$$\overline{m} = \frac{1}{\exp\left(\frac{\hbar\omega}{kT}\right) - 1} = \frac{1}{\frac{\hbar\omega}{kT} + \ldots} \approx \frac{kT}{\hbar\omega}\,, \tag{12.48}$$

die somit bei wachsendem T proportional zu T zunimmt. Zu erwarten ist dann, daß umgekehrt die Relaxationszeit τ näherungsweise mit $1/T$ abnimmt. Nun gilt außerdem bei hohen Temperaturen die Regel von Dulong-Petit (Gl. (12.10)), nach der die spezifische Wärme dann nicht mehr von der Temperatur abhängt. Daher ist wegen Gl. (12.47) weiter zu erwarten, daß sich auch die Wärmeleitfähigkeit wie τ verhält. Tatsächlich bestätigen Experimente die Gültigkeit von

$$\lambda \sim \frac{1}{T^\alpha} \quad \text{mit} \quad 1 \leq \alpha \leq 2 \quad \text{für}\, T \gg \Theta\,. \tag{12.49}$$

Zweitens soll nun der Fall niedriger Temperaturen T mit $T \ll \Theta$ diskutiert werden. Der Hauptanteil aller Phononen hat eine mit kT vergleichbare oder kleinere Energie, so daß diese bei hinreichend niedriger Temperatur sicher unterhalb einer vorgegebenen Schranke liegt. Betrachtet man nun die nur wenigen an einem Stoß beteiligten Phononen und übernimmt für sie die Beziehung aus Gl. (12.41) und Gl. (12.42), so gilt mit einer gegebenen Schranke S für hinreichend tiefe Temperaturen

$$\sum_i \hbar\omega(\vec{k}_i)m_i \;\leq\; S \tag{12.50}$$

und außerdem bei Voraussetzung der Debye-Approximation $\omega(\vec{k}) = v|\vec{k}|$

$$\left|\sum_i m_i \cdot \vec{k}_i\right| \;\leq\; \sum_i m_i \cdot |\vec{k}_i| \;\leq\; \frac{S}{\hbar v}\,. \tag{12.51}$$

Wegen des Energiesatzes (Gl. (12.41)) gilt dann aber auch für die Phononen nach dem Stoß

$$\sum_j \hbar\omega(\vec{k}'_j)m'_j \;\leq\; S \tag{12.52}$$

und daher wie in Gl. (12.51)

$$\left|\sum_j m'_j\vec{k}'_j\right| \;\leq\; \sum_j m'_j|\vec{k}'_j| \;\leq\; \frac{S}{\hbar v} \tag{12.53}$$

und schließlich

$$|\vec{k}^\star| \;=\; \left|\sum_i m_i\vec{k}_i - \sum_j m'_j\vec{k}'_j\right| \;\leq\; \frac{2S}{\hbar v}\,. \tag{12.54}$$

Wählt man also $S < (\hbar v/2)k^\star_{min}$, wobei $k^\star_{min}$ die kleinste Länge eines von Null verschiedenen Vektors des reziproken Gitters ist, so besagt Gl. (12.54), daß unterhalb einer Temperatur T_{min} nur noch der Fall $\vec{k}^\star = \vec{0}$ auftreten kann, daß also keine Umklapp-Prozesse mehr stattfinden können: Sie sind „ausgefroren".

Wenn man es aber mit normalen Stößen zu tun hat, gilt der Impulssatz (Gl. (12.42)) in seiner strengen Form, und der totale Wellenvektor $\vec{k} = \sum_i m_i \cdot \vec{k}_i$ des Kristallgitters bleibt unverändert. Im thermischen Gleichgewicht tritt in der Summe mit $\vec{k}_i$ auch $-\vec{k}_i$ auf. Andererseits gilt $\omega(-\vec{k}_i) = \omega(\vec{k}_i)$ und daher auch

$$\begin{aligned} \overline{m}(-\vec{k}_i) &= \frac{1}{\exp\left(\frac{\hbar\omega(-\vec{k}_i)}{kT}\right) - 1} \\ &= \frac{1}{\exp\left(\frac{\hbar\omega(\vec{k}_i)}{kT}\right) - 1} = \overline{m}(\vec{k}_i) , \end{aligned} \tag{12.55}$$

so daß im Gleichgewichtszustand $\vec{k} = \vec{0}$ erfüllt sein muß. Startet man umgekehrt mit einem gestörten Gleichgewicht, also mit $\vec{k} \neq \vec{0}$, so kann sich in dem Phononenkristall wegen der Konstanz von $\vec{k}$ niemals ein thermisches Gleichgewicht einstellen (bei Voraussetzung einer entsprechenden Quelle bzw. Senke an den Enden des Kristalls). Man erhält einen beständig anhaltenden Wärmefluß, auch bei verschwindendem Temperaturgradienten: Die Wärmeleitfähigkeit des Kristalls geht unterhalb T_{min} gegen Unendlich.

Weitere Rechnungen zeigen, daß die Wärmeleitfähigkeit bei Beginn des Ausfrierens der Umklapp-Prozesse mit fallender Temperatur exponentiell wächst. Und ein solcher rapider Anstieg zeigt sich auch in entsprechenden Experimenten. Nur setzt sich dieser Anstieg nicht unbeschränkt fort: Die Wärmeleitfähigkeit erreicht ein Maximum und fällt dann wieder mit weiter abnehmender Temperatur. Dieser Effekt wird durch Störstellen im Kristall hervorgerufen, die ebenfalls Anlaß zu Stößen und Umklapp-Prozessen geben. Nur ist bei diesen Stößen die freie Weglänge L lediglich von den Störstellen und von der geometrischen Gestalt des Kristalls, aber nicht mehr von der Temperatur abhängig. Sobald also diese Streuprozesse dominieren, bleibt bei weiter abnehmender Temperatur L konstant, so daß sich die Wärmeleitfähigkeit λ nach Gl. (12.47) wie die spezifische Wärme c_v verhält, also mit T^3 abnimmt. Bild 12.4 zeigt Ergebnisse experimenteller Untersuchungen an LiF, die sowohl die T^3-Abhängigkeit als auch den Geometrieeffekt bestätigen.

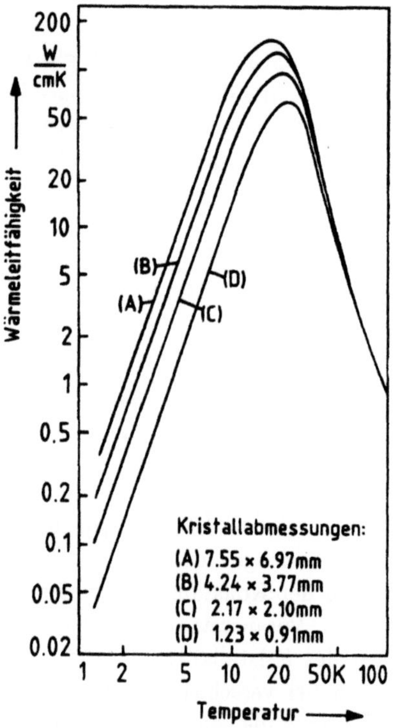

Bild 12.4: Wärmeleitfähigkeit von LiF bei tiefen Temperaturen. Deutlich ist der Einfluß der Probenabmessungen zu erkennen [THA 67].

Zum Abschluß sollen elektronische und phononische Wärmeleitung gegenübergestellt werden. Die verbreitete Vorstellung, Metalle seien gute, Isolatoren bzw. Halbleiter dagegen schlechte Wärmeleiter, muß nämlich wesentlich eingeschränkt bzw. sogar aufgehoben werden. In Bild 12.5 ist die Temperaturabhängigkeit der Wärmeleitfähigkeit von Kupfer im Vergleich zu einigen Halbleitern dargestellt. Man erkennt unmittelbar die herausragende Rolle des Diamant, der mit $\lambda = 20$ W/(cmK) selbst die Metalle mit der höchsten Wärmeleitfähigkeit (Ag: $\lambda = 4,19$ W/(cmK), Cu: $\lambda = 3,84$ W/(cmK), Al: $\lambda = 2,3$ W/(cmK)) um etwa einen Faktor fünf übertrifft. Aber selbst Si ($\lambda = 1,5$ W/(cmK)), GaAs ($\lambda = 0,46$ W/(cmK)) und InP ($\lambda = 0,68$ W/(cmK)) erreichen durchaus Werte in der Größe der Wärmeleitfähigkeit „durchschnittlicher“ Metalle (s. Tab. 12.1). Von einer Dominanz der elektronischen Wärmeleitung über den phononischen Wärmetransport kann also keine Rede sein.

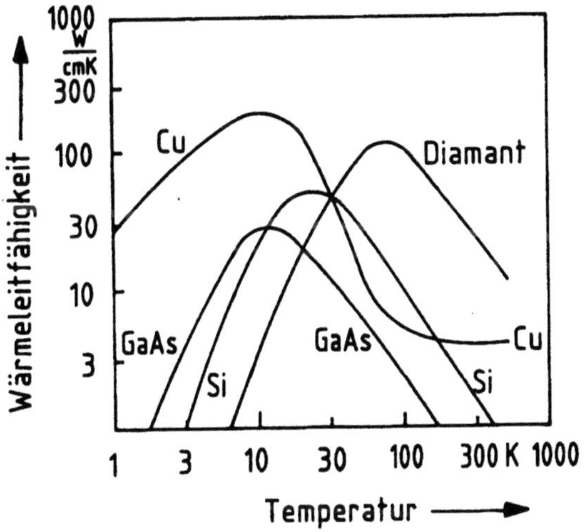

Bild 12.5: Temperaturabhängigkeit der Wärmeleitfähigkeit von Kupfer und einigen Halbleitern [YOD 87].

A Elektronenkonfiguration der Elemente H bis Rb

Z	Element	K–Schale	L–Schale		M–Schale			N–Schale		O–Schale	
		1s	2s	2p	3s	3p	3d	4s	4p	5s	
1	H	1									
2	He	2									←K–Schale gefüllt
3	Li	2	1								
4	Be	2	2								
5	B	2	2	1							
6	C	2	2	2							
7	N	2	2	3							
8	O	2	2	4							
9	F	2	2	5							
10	Ne	2	2	6							←L–Schale gefüllt
11	Na	2	2	6	1						
12	Mg	2	2	6	2						
13	Al	2	2	6	2	1					
14	Si	2	2	6	2	2					
15	P	2	2	6	2	3					
16	S	2	2	6	2	4					
17	Cl	2	2	6	2	5					
18	Ar	2	2	6	2	6					
19	K	2	2	6	2	6		1			
20	Ca	2	2	6	2	6		2			
21	Sc	2	2	6	2	6	1	2			
22	Ti	2	2	6	2	6	2	2			
23	V	2	2	6	2	6	3	2			
24	Cr	2	2	6	2	6	5	1			„3d–Über-
25	Mn	2	2	6	2	6	5	2			gangs-
26	Fe	2	2	6	2	6	6	2			metalle“
27	Co	2	2	6	2	6	7	2			
28	Ni	2	2	6	2	6	8	2			
29	Cu	2	2	6	2	6	10	1			←M-Schale gefüllt
30	Zn	2	2	6	2	6	10	2			
31	Ga	2	2	6	2	6	10	2	1		
32	Ge	2	2	6	2	6	10	2	2		
33	As	2	2	6	2	6	10	2	3		
34	Se	2	2	6	2	6	10	2	4		
35	Br	2	2	6	2	6	10	2	5		
36	Kr	2	2	6	2	6	10	2	6		
37	Rb	2	2	6	2	6	10	2	6	1	

B Physikalische Konstanten

Avogadro-Konstante	N_A	$=$	$6,0225 \cdot 10^{23}$ mol^{-1}
Boltzmann-Konstante	k	$=$	$1,3806 \cdot 10^{-23}$ J/K
		$=$	$8,6170 \cdot 10^{-5}$ eV/K
Dielektrizitätskonstante	ε_0	$=$	$8,8542 \cdot 10^{-14}$ AsV^{-1}cm^{-1}
Elektronenruhemasse	m_e	$=$	$9,1091 \cdot 10^{-31}$ kg
Elementarladung	q	$=$	$1,6022 \cdot 10^{-19}$ As
Lichtgeschwindigkeit im Vakuum	c	$=$	$2,9979 \cdot 10^{10}$ cm/s
Magnetische Feldkonstante	μ_0	$=$	$1,2566 \cdot 10^{-8}$ VsA^{-1}cm^{-1}
Plancksches Wirkungsquantum	h	$=$	$6,6256 \cdot 10^{-34}$ Js
		$=$	$4,1356 \cdot 10^{-15}$ eVs
	$\hbar$	$=$	$h/(2\pi)$
Protonenmasse	m_p	$=$	$1,6725 \cdot 10^{-27}$ kg

C Literaturverzeichnis

[ADA 85] Adachi, S.: Material Parameters for Use in Research and Device Applications. J. Appl. Phys. 58 (1985) 1–29.

[AFR 74] Afromowitz, M.A.: Refractive Index of $Ga_{1-x}Al_xAs$. Solid State Com. 15 (1974) 59–63.

[BAR 79] Barnes, N.P.; Piltch, M.S.: Temperature-Dependent Sellmeier Coefficients and Nonlinear Optics Average Power Limit of Germanium. J. Opt. Soc. Am. 69 (1979) 178–180.

[BIL 79] Bilz, H.; Kress, W.: Phonon Dispersion Relations in Insulators. Berlin: Springer 1979.

[BUU 79] Buus, J.; Adams, M.J.: Phase and Group Indices for Double Heterostructure Lasers. IEE J. Solid State Elect. Dev. 3 (1979) 189–195 .

[CAS 78] Casey, H.C.; Panish, M.B.: Heterostructure Lasers, Part A and B. New York: Academic Press 1978.

[KAT 92] Katz, A. (Hrsg.): Indium Phosphide and Related Materials: Processing, Technology and Devices. Boston: Artech House 1992.

[COH 89] Cohen, M.L.; Chelikowsky, J. R.: Electronic Structure and Optical Properties of Semiconductors. 2. Aufl. Berlin: Springer 1989.

[DAL 62] Dalgarno, A.: Atomic Polarizabilities and Shielding Factors. Advances Phys. 11 (1962) 281–315.

[EIN 07] Einstein, A.: Die Plancksche Theorie der Strahlung und die Theorie der spezifischen Wärme. Ann. Physik 22 (1907) 180–190.

[FIE 87] Fiedler, F.; Schlachetzki, A.: Optical Parameters of InP-Based Waveguides. Solid State Electron. 30 (1987) 73–83.

[HER 28] Herrmann, C.: Zur systematischen Strukturtheorie. Z. Kristallorg. Kristallgeom. Kristallphys. Kristallchem. 68 (1928) 257–287.

[ICE 76] Icenogle, H.W.; Platt, B.C.; Wolfe, W.L.: Refractive Indexes and Temperature Coefficients of Germanium and Silicon. Appl. Opt. 15 (1976) 2348–2351.

[JON 62] Jona, F.; Shirane, G.: Ferroelectric Crystals. New York: Pergamon Press 1962.

[KNO 68] Knox, R.S.; Teagarden, K.J.: Physics of Color Centers (Fowler, W.B. (Hrsg.)). New York: Academic Press 1968.

[KOW 83] Kowalsky, W.; Wehmann, H.H.; Fiedler, F.; Schlachetzki, A.: Optical Absorption and Refractive Index near the Bandgap of InGaAsP. Phys. stat. sol. (a) 77 (1983) K75–K80.

[KUP 84] Kuphal, E.: Phase Diagrams of InGaAsP, InGaAs, and InP Lattice-Matched to (1 0 0) InP. J. Cryst. Growth 67 (1984) 441–457.

[LAU 56] Launay, J. de: Solid State Physics (Seitz, F.; Turnbull, D. (Hrsg.)). New York: Academic Press 1956.

[LEW 67] Lewis, J.T.; Lehoczky, A.; Briscoe, C.V.: Elastic Constants of the Alkali Halides at 4.2 K. Phys. Rev. 161 (1967) 877–887.

[LEY 91] Leys, M.R.: Metal Organic Vapour Phase Epitaxy for the Growth of Semiconductor Structures and Strained Layers. In: Peaker, A.R.; Grimmeis, H.G. (Hrsg.): Low-Dimensional Structures in Semiconductors. New York: Plenum Press 1991.

[LI 80] Li, H.H.: Refractive Index of Silicon and Germanium and Its Wavelength and Temperature Derivatives. J. Phys. Chem. Ref. Data 9 (1980) 561–658.

[MAD 82] Madelung, O. (Hrsg.): Physics of Group IV Elements and III-V Compounds. Landolt-Börnstein, Band 17a. Berlin: Springer 1982.

[MAD 92] Madelung, O. (Hrsg.): Semiconductors: Other than Group IV Elements and III-V Compounds. Berlin: Springer 1992.

[MAU 31] Mauguin, Ch.: Sur le symbolisme des groupes de répétition ou de symétrie des assemblages cristallins. Z. Kristallorg. Kristallgeom. Kristallphys. Kristallchem. 76 (1931) 542–558.

[MER 49] Merz, W.J.: The Electric and Optical Behavior of $BaTiO_3$ Single-Domain Crystals. Phys. Rev. 76 (1949) 1221–1225.

[NUE 77] Nuese, C.J.: III-V Alloys for Optoelectronic Applications. J. Electron. Mat. 6 (1977) 253–293.

[OLE 82] Olego, D.; Chang, T.Y.; Silberg, E.; Caridi, E.A.; Pinczuk, A.: Compositional Dependence of Band-Gap Energy and Conduction Band Effective Mass of $In_{1-x-y}Ga_xAl_yAs$ Lattice Matched to InP. Appl. Phys. Lett. 41 (1982) 476–478.

[PAL 85] Palik, E.D.: Handbook of Optical Constants of Solids. Orlando: Academic Press 1985.

[PEA 82] Pearsall, T.P. (Hrsg.): GaInAsP Alloy Semiconductors. New York: John Wiley & Sons 1982.

[PHI 68] Phillips, J.C.: Dielectric Definition of Electronegativity. Phys. Rev. Lett. 20 (1968) 550–553.

[SHI 57] Shirane, G.; Danner, H.; Pepinsky, R.: Neutron Diffraction Study of Orthorhombic $BaTiO_3$. Phys. Rev. 105 (1957) 856–860.

[STI 76] Stirland, D.J.; Straughan, B.W.: A Review of Etching and Defect Characterization of Gallium Arsenide Substrate Materials. Thin Solid Films 31 (1976) 139–170.

[SZE 81] Sze, S.M.: Physics of Semiconductor Devices. 2. Aufl. New York: John Wiley & Sons 1981.

[SZE 85] Sze, S.M.: Semiconductor Devices. New York: John Wiley & Sons 1985.

[THA 67] Thatcher, P.D.: Effect of Boundaries and Isotopes on the Thermal Conductivity of LiF. Phys. Rev. 156 (1967) 975–988.

[WEI 83] Weiss, A.; Witte, H.: Kristallstruktur und chemische Bindung. Weinheim: Verlag Chemie 1983.

[YAR 84] Yariv, A.; Yeh, P.: Optical Waves in Crystals: Propagation and Control of Laser Radiation. New York: John Wiley & Sons 1984.

[YAR 91] Yariv, A.: Optical Electronics. 4. Aufl. Philadelphia: Saunders College 1991.

[YOD 87] Yoder, M.N.: Synthetic Diamond, Its Properties and Synthesis. Mat. Res. Soc. Symp. Proc. 97 (1987) 315–326.

Anregungen wurden aus folgenden Lehrbüchern zur Festkörperphysik gewonnen:

Ashcroft, N.W.; Mermin, N.D.: Solid State Physics. Philadelphia: Saunders College 1976.

Kittel, C.: Einführung in die Festkörperphysik, München: R. Oldenbourg 1973.

Seeger, K.: Semiconductor Physics. New York: Springer 1973.

Index

Epitaxieverfahren, 54
Extinktionskoeffizient, 153

Federkonstante, 71
Feld
elektrisches, 83
lokales, 88
Ferrielektrikum, 138
Ferroelektrikum, 131
Ferroelektrizität, 131
Flüssigphasenepitaxie, 54
Fouriertransformation, 108
Fundamentalabsorption, 149, 150

GaAs, 31, 32, 43, 124
Gasphasenepitaxie, 54
Germanium, 31, 43
Gitter, 23
biatomares, 75
monoatomares, 71
Perowskit-, 131
reziprokes, 35
Gitterkonstante, 50
Gitterpunkt, 35
Gitterschwingung, 67
Gittervektor, 27
Graphit, 44
Gruppengeschwindigkeit, 74

Hauptachsen, 26, 114, 117
hdp, 29, 31
Hermann-Mauguinsche Symbolik, 26, 124
hexagonal, 24
HgCdTe, 64
HgTe, 43
Hochfrequenz-Dielektrizitätskonstante, 100
Hybridisierung
sp^2-, 45
sp^3-, 44
Hystereseschleife, 135

$In_{1-y}(Al_xGa_{1-x})_yAs$, 63
$In_{1-y}(Al_xGa_{1-x})_yP$, 64
$In_{1-x}Ga_xAs_yP_{1-y}$, 59
InP, 43
Intensität, 85
Intrabandrelaxationszeit, 152
Inversions-Symmetrie, 122
Ionenbindung, 16

Kalium-Natrium-Niobat, 147
Kapazität, 83, 86
KDP, 124
Keramik, piezoelektrische, 147
Kerr-Effekt, 122
kfz, 29, 30
Koerzitivfeldstärke, 136
Konfiguration
tetraedische, 44
Zinkblende-, 31
Koordination, tetraedische, 32
Kopplungsgleichungen, elektromechanische, 144
Kopplungskonstante, elektromechanische, 145, 146
Kramers-Kronig-Relation, 107, 157, 161
Kristall, 23
Kristallebenen, 27
Kristallrichtungen, 27
krz, 29
kubisch, 24
Kugelpackung, dichteste, 28

Legendresche Funktionen, 89
Leitfähigkeit, elektrische, 19
Leitungsband, 21
Lichtgeschwindigkeit, 85

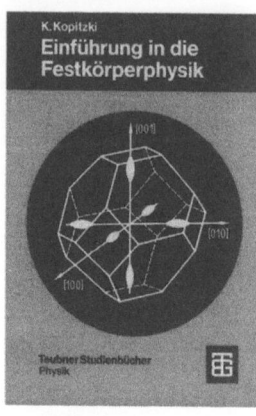

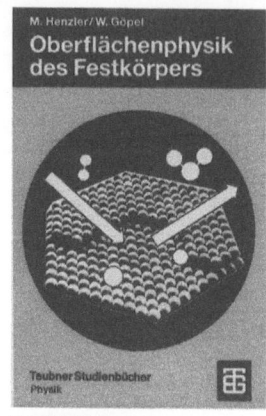

Schlachetzki

Halbleiter-Elektronik

Grundlagen und moderne Entwicklung

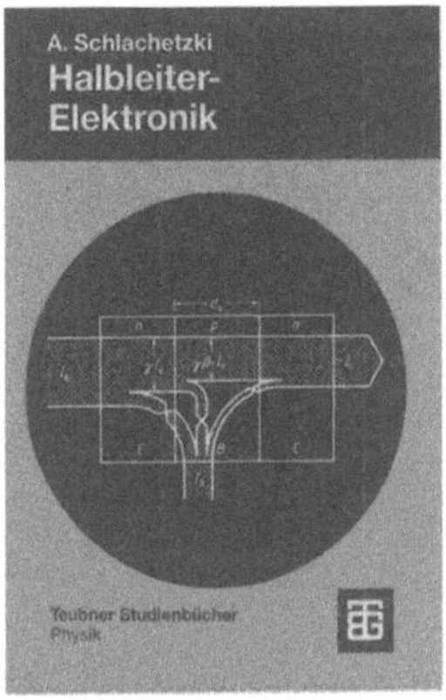

Seit der Erfindung des Transistors hat sich die Elektronik nahezu vollständig zu einer Halbleiter-Elektronik entwickelt. Deren enormer wirtschaftlicher und gesellschaftlicher Einfluß zeigt sich insbesondere in der Mikroelektronik, die die Technologien integrierter Schaltungen nutzt.
Ausgehend von den Grundlagen der Halbleiter, werden die Funktionen der wichtigsten Bauelemente – auch in ihren modernen Bauformen – entwickelt und dann die integrierten Schaltungen erläutert. Darüber hinaus werden Heterostrukturen besprochen, die mit der Entwicklung von III/V-Halbleitern, wie z. B. Galliumarsenid und seinen Legierungen, möglich geworden sind. Sie haben vorzugsweise in optoelektronischen Bauelementen, wie etwa den Laserdioden, weitverbreitete Anwendung gefunden. Schließlich werden die wichtigsten Sätze behandelt, die das Verhalten elektronischer Netzwerke verständlich machen. Das Buch wendet sich an Leser, die die Entwicklungen der modernen Halbleiter-Elektronik verstehen wollen. Dabei wird ein Wissensstand vorausgesetzt, wie er bis zum Vordiplom in der Elektrotechnik oder Physik vermittelt wird.

Aus dem Inhalt:

Grundlagen der Halbleiterphysik – Halbleiterübergänge – Bipolartransistor, Thyristor und Feldeffekttransistor sowie ihre modernen Bauformen – Optoelektronische Bauelemente – Analoge und digitale Grundschaltungen – Rauschen – Integrierte Schaltungen und ihre wichtigsten Bauformen.

Von Prof. Dr.
Andreas Schlachetzki,
Technische Universität
Braunschweig

1990. 403 Seiten
mit zahlreichen Bildern
13,7 x 20,5 cm
Kart. DM 44,80 /
ÖS 350,– / SFr 44,80
ISBN 3-519-03070-5

(Teubner Studienbücher)

Preisänderungen vorbehalten.

B. G. Teubner Stuttgart

MIX
Papier aus verantwortungsvollen Quellen
Paper from responsible sources
FSC® C105338

If you have any concerns about our products,
you can contact us on
ProductSafety@springernature.com

In case Publisher is established outside the EU,
the EU authorized representative is:
Springer Nature Customer Service Center GmbH
Europaplatz 3, 69115 Heidelberg, Germany

Printed by Libri Plureos GmbH
in Hamburg, Germany